高 等 职 业 教 育 规 划 教 材

Creo Parametric

三维零件设计
——实例教程

主　编◎赵战峰　武文虎　吴峥强

副主编◎潘　朝　余尚行　战祥乐

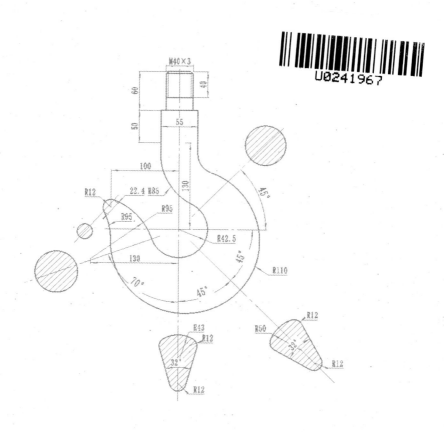

中国轻工业出版社

图书在版编目（CIP）数据

Creo Parametric 三维零件设计：实例教程 / 赵战峰，武文虎，吴峥强主编. —北京：中国轻工业出版社，2019.12

ISBN 978-7-5184-2655-3

Ⅰ. ①C… Ⅱ. ①赵… ②武… ③吴…Ⅲ. ①零部件—计算机辅助设计—应用软件—教材 Ⅳ. ①TH13-39

中国版本图书馆CIP数据核字（2019）第194988号

内 容 提 要

本书为Creo Parametric 4.0（以下简称Creo）编写，主要讲解其三维零件设计。内容包括：Creo的建模环境，建模理念，二维草图绘制，三维模型的视角、渲染，绘图基准平面和基准轴的创建，基础特征（拉伸、旋转、扫描、混合、可变截面扫描等）创建，工程特征（倒圆角、倒角、壳、筋、拔模等）创建，曲面建模，特征的阵列与复制，曲面造型，高级建模工具（可变截面扫描、混合扫描、螺旋扫描等）应用、工程图创建等。

书中通过一系列的实例，循序渐进、深入浅出、详细生动地讲解了Creo零件设计的基本功能及拓展应用。以实际零件建模为导向，以Creo各种三维建模方法的应用技巧为核心，遵循实际零件设计的思路，避免单纯地说教及命令使用步骤的罗列。利用本书学习Creo三维建模将会事半功倍。

本书特别适合作为机电类专业计算机辅助设计的教材，也可以作为业内人士学习Creo三维零件设计的参考资料。

责任编辑：李 红 责任终审：劳国强 整体设计：锋尚设计

责任校对：吴大鹏 责任监印：张 可

出版发行：中国轻工业出版社（北京东长安街6号，邮编：100740）

印 刷：北京君升印刷有限公司

经 销：各地新华书店

版 次：2019年12月第1版第1次印刷

开 本：889×1194 1/16 印张：16.5

字 数：350千字

书 号：ISBN 978-7-5184-2655-3 定价：49.80元

邮购电话：010-65241695

发行电话：010-85119835 传真：85113293

网 址：http://www.chlip.com.cn

Email：club@chlip.com.cn

如发现图书残缺请与我社邮购联系调换

190532J2X101ZBW

前　言
PREFACE

数十年以来，计算机技术蓬勃发展，已经深入到各行各业中，计算机辅助设计软件日益成为工程技术人员必不可少的强大工具。Creo作为其中的佼佼者，经过十余年的发展，其功能日益完善，融合了零件设计、产品装配、模具设计、NC加工、钣金设计、铸造件设计、造型设计、逆向工程、自动测量、机构仿真、结构分析、产品数据库管理、协同设计等，已经广泛应用于电子、通信、机械、模具、工业设计、玩具、家电、汽车、航空航天等各行业。

本书主要讲解Creo三维零件设计模块，由长期从事CAD/CAM软件教学的教师和具有丰富实践经验的机械设计行业工程师联合撰写，因此既有教学的逻辑性，又有很强的实践性。书中的每一章均经过精心设计，兼顾教学与实战，让读者在丰富的实战中不知不觉地掌握Creo的功能。

每章开头，首先阐明本章学习的目标；然后开始"跟我做"；实例完成后，面对自己完成的作品，读者获得了很高的成就感，此时总结此例涉及的新命令的用法要点，避免了单纯讲建模工具的枯燥乏味；每章的最后针对项目中涉及的命令、使用方法设计了一系列的练习，进行强化、提高训练。

本书由广东轻工职业技术学院赵战峰和吴峥强、肥城市职业中等专业学校武文虎主编。具体编写分工为：赵战峰编写第二、三章；武文虎编写第一、九章；吴峥强编写第七、八、十一章；余尚行编写第五、十章；潘朝编写第四、六章；战祥乐与吴峥强合作编写第十一章。

本书在编写过程中参阅了国内外的有关资料，得到了许多专家和同行的支持与帮助，在此表示衷心的感谢。特别感谢广东轻工职业技术学院何亮老师，及周冠杰、莫伟成、张裕雄、饶钧漾、刘兆祥同学对本书做出的贡献，衷心的感谢在本书出版中给予帮助的人士。

由于水平所限，书中错误及不足在所难免，恳请广大读者多提宝贵意见。

目 录 CONTENTS

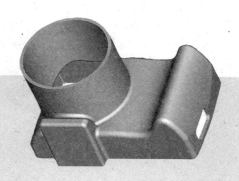

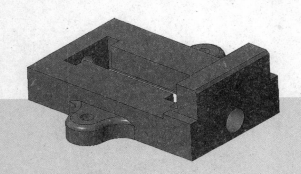

第一章
认识Creo Parametric

PPT课件　　资源包

　　本章通过一个演示性的例子将带您进入Creo Parametric（以下简称Creo）三维零件设计的世界，让您了解Creo三维建模的流程及特点，让您对Creo有一个初步了解，便于后续学习。

1.1　学习目标

　　了解Creo的基本功能、建模特点及工作环境；理解参数化绘图、特征、草图、尺寸驱动、约束等概念；理解拉伸、旋转、扫描、混合这四种基础特征创建的原理；掌握Creo鼠标操作。

1.2　入门演示实例

　　此实例将演示图1-1所示零件的三维建模，通过此例初步接触Creo，了解建模流程。

图1-1　瓶子模型

操作视频

鼠标的使用

左键	选择命令按钮或菜单，选择图素、尺寸、约束、特征等，在绘图时定位点
中键（即滚轮）	确认选取，完成命令
右键（按稍久一点）	弹出右键菜单
在绘图区按住中键（即滚轮）移动鼠标	旋转模型
在绘图区转动滚轮	缩放模型
在绘图区按着Shift+中键移动鼠标	平移模型

步骤1 进入Creo

通过桌面快捷方式或开始菜单打开Creo。用户界面见图1-2，功能区包含组织在选项卡内的命令按钮。每个选项卡上，相关按钮成组排列。

"快速访问"工具栏位于Creo Parametric窗口的顶部。它提供了对常用按钮的快速访问，比如打开和保存文件、撤销、重做、重新生成、关闭窗口、切换窗口等按钮。

导航器包括 "模型树"（用 按钮可以在 "模型树" 和 "层树" 之间切换）、 "文件夹" 浏览器和 "收藏夹"。

绘图区在导航器的右边。"图形"工具栏嵌于图形窗口的顶部，工具栏上的按钮控制图形的显示。状态栏位于Creo Parametric窗口的底部，其中 按钮控制导航器的显示、 按钮控制浏览器的显示。状态栏还显示软件操作中的相关信息。

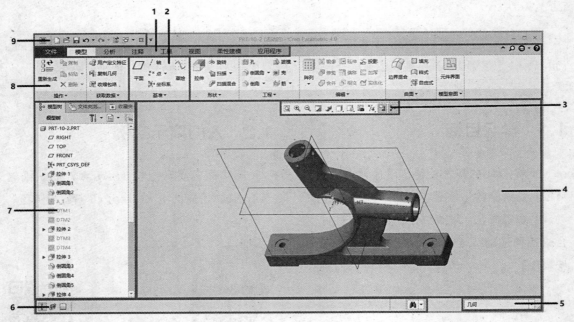

1—选项卡　2—工具栏组　3—"图形"工具栏　4—"绘图"窗口　5—选择过滤器　6—状态栏
7—模型树　8—功能区　9—快速访问工具栏

图1-2　Creo主界面

步骤2 新建零件

单击【文件】⇨【新建】菜单，或单击新建按钮 ，进入"新建"对话框，选择图1-3所示的"类型"及"子类型"，并输入文件名称"prt-1-1"（注：文件名称只能用中英文字符、下划线、减号，下同），取消"使用缺省模板"选项，单击"确定"按钮。

进入"新建文件选项"对话框（图1-4），选择零件设计公制模板"mmns_part_solid"，单击"确定"按钮，进入绘图环境（图1-5）。

操作视频

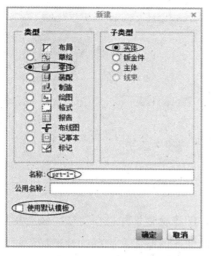

图1-3 "新建"对话框

图1-4 "新文件选项"对话框

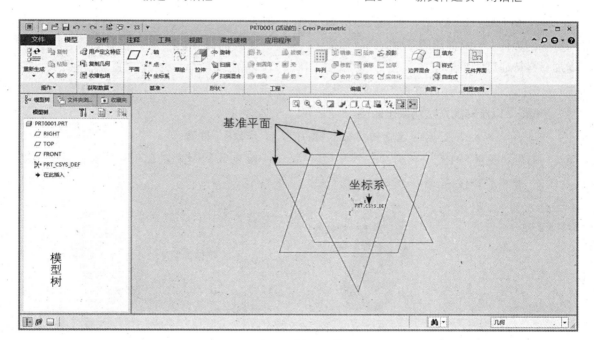

图1-5 绘图环境

步骤3 用拉伸的方法创建方形瓶身

（1）单击草绘按钮 ，定义拉伸的截面。在"模型树"中选择"TOP"作为草绘平面，在其上绘制如图1-6所示正方形截面。

（2）单击拉伸按钮 创建拉伸特征，出现如图1-7所示的拉伸操控板。选择上一步创建

的截面。输入拉伸长度200。单击 完成拉伸特征创建。结果如图1-8所示。

步骤4 用混合的方法创建瓶颈

单击混合按钮 ，创建如图1-9所示的两个截面。完成的混合特征见图1-10。

图1-6 拉伸的正方形截面

图1-8 拉伸的瓶身

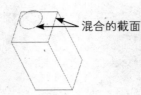

图1-9 混合的截面

图1-10 混合特征

图1-7 拉伸操控板

步骤5　以旋转的方法创建瓶口

（1）用"草绘"工具创建旋转特征的截面及旋转轴，见图1-11。

（2）单击旋转按钮，创建旋转增加材料特征。选择上一步创建的截面。完成的旋转增加材料特征见图1-12。

步骤6　以旋转的方法切割出瓶底

（1）用"草绘"工具创建旋转特征的截面及旋转轴，见图1-13。

（2）单击旋转按钮，选择切除材料选项，创建旋转切除材料特征。按照提示选择上一步创建的截面。完成的旋转切除材料特征见图1-14。

步骤7　倒圆角

以倒圆角命令对图1-15～图1-17所示的棱边倒圆角，结果见图1-18。

步骤8　抽壳

以壳命令将前面创建的实体挖空，见图1-19。

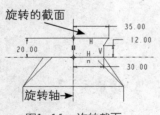

图1-11 旋转截面

图1-12 旋转特征

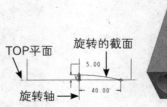

图1-13 旋转的截面

图1-14 旋转切割的特征

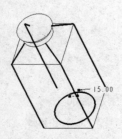

图1-15 创建R15圆角

图1-16 创建R15圆角

图1-17 创建R15圆角

图1-18 完成圆角的模型

步骤9　以扫描的方法创建把手

（1）用"草绘"工具创建扫描的轨迹线，见图1-20。

（2）单击扫描按钮，创建扫描特征。按照提示选择上一步创建的轨迹线。

（3）单击创建或编辑扫描截面按钮，创建扫描的截面，见图1-21。单击完成可变剖面扫描命令，完成的扫描特征见图1-22。

壳厚3

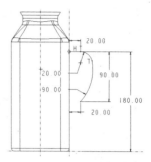

图1-19　抽壳后的瓶子　　图1-20　扫描的轨迹

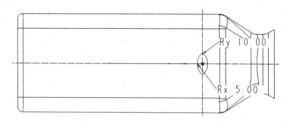

图1-21　扫描的截面

步骤10　倒圆角

以倒圆角命令对图1-23~图1-25所示的棱边倒圆角，结果见图1-26。

步骤11　创建零件的工程图

在Creo的"工程图"模块中可以根据已有的三维模型创建各种视图（投影、剖切、局部放大等）。图1-27是利用Creo创建的三视图（注意：此处为英制工程图标准，国标工程图见最后一章"工程图"），图1-28是Creo自动显示的三维模型尺寸。

操作视频

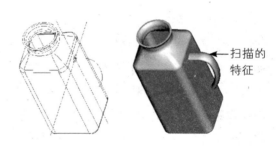

扫描的特征

图1-22　扫描创建的把手

图1-23　创建R1圆角

图1-24　创建R5圆角

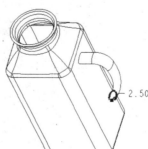

图1-25　创建R2.5圆角

图1-26　完成倒圆角的模型

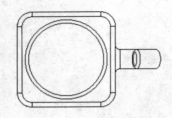

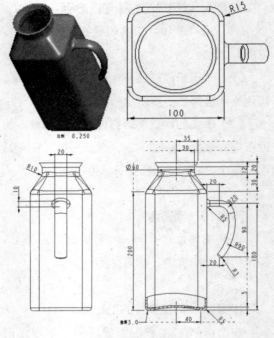

图1-27 三视图

图1-28 显示尺寸

步骤12 更改模型

（1）更改瓶身的尺寸。在模型树中选中瓶身的拉伸特征，单击右键，弹出右键菜单，见图1-29。选择【编辑】菜单，绘图区中出现瓶身尺寸，见图1-30，双击尺寸即可更改。将尺寸100改为200，单击按钮重新计算模型，结果见图1-31。

（2）更改把手的截面。在模型树中选中

构成把手的扫描特征，单击右键，弹出右键菜单，见图1-32。选择【编辑定义】菜单，扫描操控板出现，见图1-33。单击重新进入草绘环境，即可更改扫描的截面。将原先的椭圆截面删除，重新绘制圆形截面，见图1-34。单击按钮完成更改，结果见图1-35。

操作视频

图1-29 右键菜单

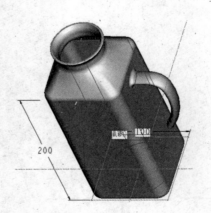

图1-30 更改尺寸

图1-31 修改尺寸后的模型

图1-33　扫描操控板

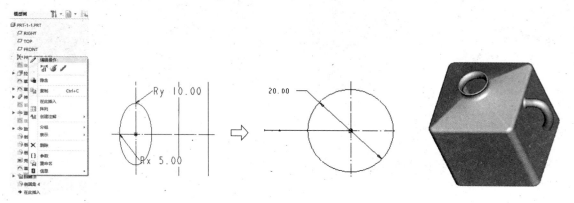

图1-32　右键菜单　　　　　　　图1-34　更改截面　　　　　　　图1-35　修改后的模型

步骤13　检查工程图

打开前面创建的工程图，可以看到工程图已经更新，见图1-36。

步骤14　更改特征创建的先后顺序

在模型树中选中"壳1"特征，用鼠标左键按住它，将其移动到特征"倒圆角1"之前，见图1-37。模型将出现图1-38所示的变

化（注意：倒圆角需要合理控制跟相关特征的先后顺序）。

步骤15　装配

在Creo的"装配"模块把瓶身和盖子按图1-39所示的条件装配起来，装配完成的模型见图1-40（瓶盖零件见资源文件）。

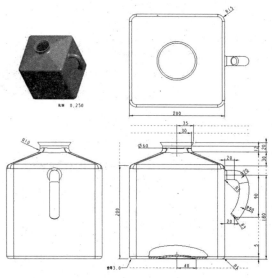

图1-36　工程图已经更新

图1-37　右键菜单

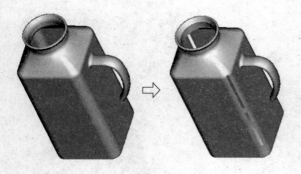

图1-38　模型的变化　　　　　　　　　　　　图1-39　装配　　　　图1-40　装配完成
　　　　　　　　　　　　　　　　　　　　　　　　　　　　　　　　　的模型

1.3　相关知识与命令总结

（1）参数化设计。模型的形状和位置由一些相关的尺寸、约束、关系式等参数来表达，修改这些参数后模型的形状和位置立即发生变化，这种三维模型设计的方法即为参数化设计。参数化设计给模型的修改带来了前所未有的便利，使用者仅需修改一些尺寸和约束、调整一下特征创建的顺序模型即可得到修改。

（2）单一数据库。Creo的所有模块共用一个数据库。例如三维模型与其工程图共用同一个数据库，修改三维模型的尺寸，工程图同时改变。单一数据库同样对模型的修改带来了很大的便利，极易保证关联模型数据的正确性，避免反复修改的烦琐与失误。

（3）草绘截面。草绘是Creo中二维截面的统称。在Creo中，绘制二维截面只需按照形状大致绘制，再通过添加约束、修改尺寸确定其形状，不需要绘制时考虑线条的位置和尺寸，故称其为草绘。草绘是最先进的绘制二维截面的方式，非常快捷严谨，可以充分地发挥使用者的创造力。

（4）尺寸驱动。Creo的草绘和特征的大小与位置均由尺寸定义，修改尺寸即可改变其大小与位置，故称为尺寸驱动。此方式更接近实际的设计与制造，所以更高效、直观。

（5）特征。特征是Creo建模的基本单元，类似于盖房子用的砖头，特征与特征之间相互关联，并且其顺序对模型也有一定的影响。

（6）基准平面。基准平面是无限大的虚拟平面，其显示大小由系统参数自动调整。基准平面一般用作草绘平面或特征放置面。也可将基准平面用作参考，确定特征的位置、装配等。基准平面可以由 ▱ 平面 按钮创建。

（7）曲线。Creo的曲线包括二维和三维的曲线。曲线主要用于曲面的骨架、扫描的轨迹等；二维曲线也可以用作某些特征的剖面。曲线可以由 〜 通过点的曲线　〜 来自方程的曲线　〜 来自模截面的曲线 按钮创建。

（8）基准轴。基准轴是无限长的虚拟直线，其显示长度由系统参数自动调整。基准轴一般用于孔的定位、辅助创建曲面和曲线、装配参考等。基准轴可以由 ∕ 轴 按钮创建。

（9）基准点。基准点一般用作草绘、特征的定位参考，辅助创建曲线，装配参考等。基准点可以由 ✳ 点　✳ 偏移坐标系　✳ 域 三个命令按钮创建。

（10）坐标系。坐标系也是一种参考特征，它主要有以下用途：计算质量等要素、组装元件、用作定位其他特征的参考（坐标系、基准点、曲线、平面、输入的几何等）。坐标系的表达有三种方式：笛卡尔坐标系、柱坐标系和球坐标系。坐标系可以由※按钮创建。

（11）实体。实体指的是在其可视的表面之内也有"材料"，是"实心的"。工业用途的零件一般均要求是实体零件，这样在零件建模完成之后才可以用于后续的分析计算。例如：有限元分析、质量属性分析、分模等。因此，最终完成的零件一般都要求创建为实体。

（12）曲面。曲面指的是仅有"零"厚度的表面，即使构成一个封闭的空间，其内部也是"空的"。由于有许多工具可以对曲面进行

灵活的编辑（例如合并、修剪、偏移、镜像、延伸等），故而对于复杂的模型，通常需要利用曲面建模，最后再利用曲面加厚、实体化等命令将其转变为实体。

（13）拉伸。一个截面沿着垂直该截面的方向拉动创建实体的方法称为拉伸，见图1-41。

（14）旋转。一个截面绕着一条轴线旋转创建实体的方法称为旋转，见图1-42。

（15）扫描。一个截面沿着一条轨迹线扫描创建实体的方法称为扫描，见图1-43。

（16）混合。在两个以上的截面之间填充材料创建实体的方法称为混合，见图1-44。

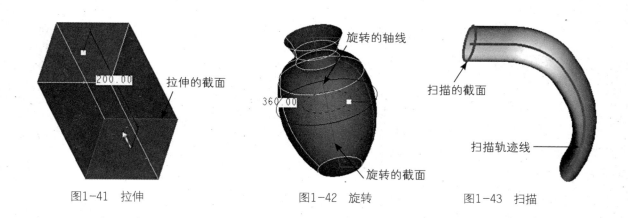

图1-41　拉伸　　　　　　　　图1-42　旋转　　　　　　　　图1-43　扫描

图1-44　混合

第二章
二维截面绘制

由前一章可以看到，创建拉伸、旋转、扫描、混合等基础特征均需要用到二维截面，因此，二维截面是创建三维模型的基础。本章以数个实例讲解Creo二维截面（也称为草图）的绘制方法，为后续的学习打好基础。

2.1　学习目标

掌握Creo草图的绘制、约束添加及尺寸标注。草图绘制包括：点、线、弧、圆、倒圆角、样条、文字等；约束包括：竖直、水平、垂直、相切、在中点、共线、对称、等长、平行等；尺寸相关的内容包括：各种尺寸的标注、尺寸值修改、强尺寸、弱尺寸、参考尺寸等。

 操作视频

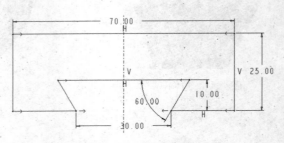

图2-1　二维截面图

2.2　实例一

此实例将完成图2-1所示二维截面的绘制。

步骤1　进入Creo

通过桌面快捷方式或开始菜单打开Creo Parametric。

步骤2　新建草绘

单击【文件】⇨【新建】，或单击新建按钮，进入"新建"对话框，选择图2-2所示的"类型"，并输入文件名称"s2d-1"，单击"确定"，进入草绘环境见图2-3。绘图工具栏的各命令见图2-4。

💡 创建实体时，一般使用"零件"模块中的草绘功能，绘制草图的方法与此相同。

图2-2 "新建"对话框

步骤3 草绘线条

💡 该截面图形左右对称，绘制一侧，另一侧通过镜像的方法得到（注意：对称的截面尽可能都用镜像绘制）。

（1）为了使用镜像功能，首先要绘制一条中心线。单击按钮 | 中心线 |，绘制中心线。在绘图区用左键点选中心线上的第一点，移动鼠标到接近竖直的位置，Creo会自动捕捉"竖直"，再次单击鼠标左键，完成中心线绘制，见图2-5。单击按钮 ∨线 ▾，草绘如图2-5所示的其余直线，单击中键结束直线绘制，Creo自动标注必要的尺寸，见图2-5。

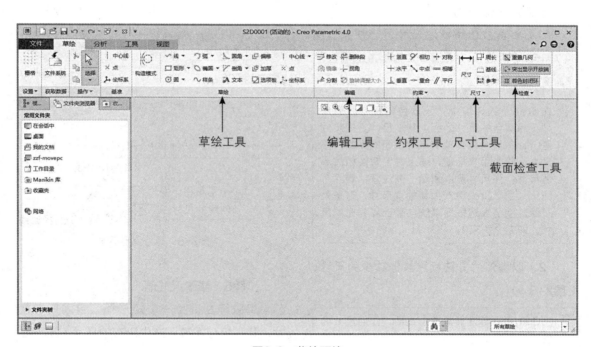

图2-3 草绘环境

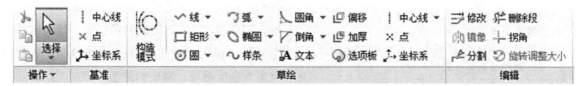

图2-4 草绘命令

☼ 单击中键可以结束命令。在接近特殊位置时，Creo可以自动捕捉约束，如竖直、水平、等长、平行等。草绘时不必在意尺寸，只要形状接近就可以了。

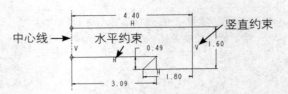

图2-5　草绘的截面

（2）用鼠标左键拉一个矩形框，包围上一步绘制的所有线条，释放鼠标左键，选中上一步绘制的全部直线（不必在意额外选中的尺寸和中心线），单击按钮⬛镜像，按照系统的提示选取镜像的"中心线"，完成镜像，见图2-6。

☼ 用鼠标左键"抓住"尺寸文字可以移动尺寸的位置。

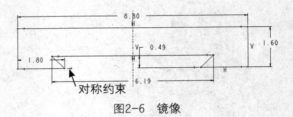

图2-6　镜像

步骤4　标注尺寸

（1）单击按钮⬛标注尺寸，分别点选图2-7所示的两点，在放置尺寸的位置单击中键，完成尺寸创建。

☼ 在Creo草绘环境中，浅蓝色的尺寸为弱尺寸；深黄色的尺寸为强（制）尺寸。弱尺寸是Creo系统自动生成的尺寸，不能删除；强尺寸一般为用户标注，强尺寸会替换相关的弱尺寸，强尺寸可以删除（需注意，删除了强尺寸后，Creo会产生新的弱尺寸，这是为了保证完全表达截面系统自动计算补充的尺寸，即完全约束）。

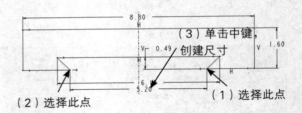

图2-7　标注尺寸

（2）以类似的方法标注其他缺少的尺寸，见图2-8。

☼ ①Creo尺寸标注非常自由灵活，任何尺寸均使用⬛工具标注；
②选择两条直线，若这两条直线平行，则标注其距离尺寸；若这两条直线有一定的夹角，则标注其夹角尺寸；
③选择一条直线，标注直线长度；
④选择圆弧（包括圆）一次，标注半径尺寸；选择两次标注直径尺寸。

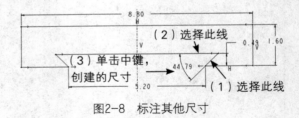

图2-8　标注其他尺寸

步骤5　修改尺寸值

用鼠标左键拉一个矩形框，包围所有尺寸，释放鼠标左键，选中所有的尺寸（不必在意额外选中的直线和中心线），单击按钮⬛修改，弹出图2-9所示对话框，取消"重新生成"选项，按照图2-1修改对应的尺寸值，修改完成后单击"确定"按钮，Creo立即根据新的尺寸重新生成截面，完成的截面见图2-10。

💡 ①输完一个尺寸，按"Enter"键即可跳到下一个输入框。
　　②除了上述步骤5用到的整体修改尺寸的方法外，还可以采用单独方式双击单个尺寸进行修改。
　　③用鼠标左键拖动尺寸值可以移动其位置。

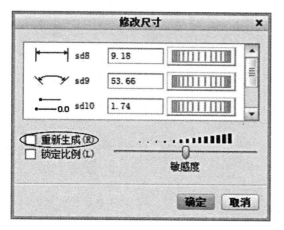 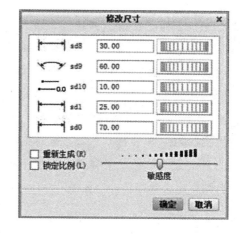

图2-9　修改尺寸值

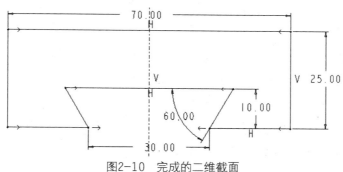

图2-10　完成的二维截面

2.3　实例二

此实例将完成图2-11所示二维截面的绘制。

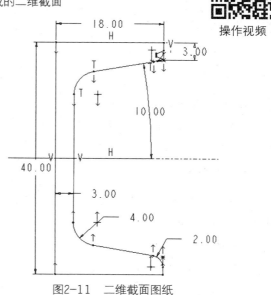

操作视频

步骤1　新建草绘

单击【文件】⇨【新建】，或单击新建按钮 ，进入"新建"对话框，选择"草绘"模块，输入文件名称"s2d-2"，单击"确定"，进入草绘环境。

图2-11　二维截面图纸

步骤2　草绘线条

💡 该图形上下对称，绘制一侧，另一侧通过镜像的方法得到

（1）为了使用镜像功能，首先要绘制一条中心线。单击按钮 │ 中心线 ，绘制中心线。在绘图区用左键选定中心线上的第一点，移动鼠标到接近水平的位置，Creo会自动捕捉"水平"，再次单击鼠标左键，完成中心线绘制，见图2-12。单击按钮 ⌇线▾ ，草绘图2-12所示的其余直线，单击中键完成直线绘制，Creo自动标注必要的尺寸，见图2-12。

💡 如果不需要自动捕捉的约束，定位点时可以适当偏离的远一点，或者单击"右键"禁用当前约束。

（2）单击按钮 ⌇ 圆形修剪 ，创建圆角。依照图2-13所示选择直线。

（3）用鼠标左键拉一个矩形框，包围上一步绘制的所有线条，释放鼠标左键，选中上一步绘制的全部直线（不必在意额外选中的尺寸和中心线），单击按钮 镜像 ，按照系统的提示选取镜像的"中心线"，完成镜像，产生的图形见图2-14。

步骤3　标注尺寸

（1）单击按钮 标注尺寸，分别点选图2-15所示的两条线，在放置尺寸的位置单击中键，完成尺寸标注。

（2）为了标注图2-16所示尺寸，须创建一个点，以定位倒圆角之前直线的交点。单击按钮 ✕ 点 ，在直线交点附近创建图2-17所示点。

（3）将图2-17所示的点分别约束到直线（1）和（2）的延长线上，单击"重合"约

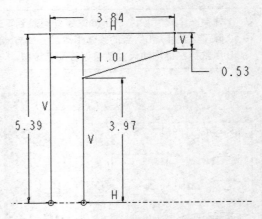

图2-12　草绘的截面

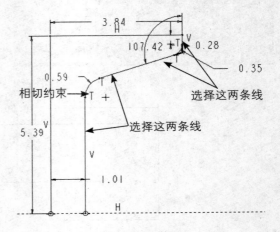

图2-13　倒圆角

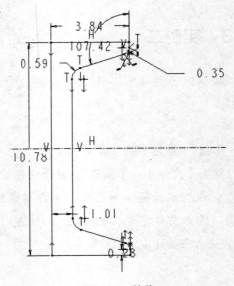

图2-14　镜像

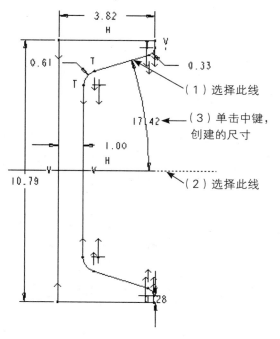

图2-15 标注尺寸

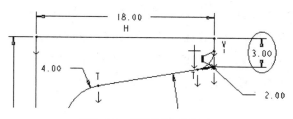

图2-16 将要标注的尺寸

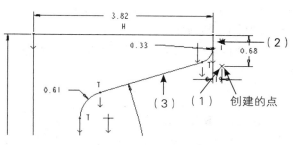

图2-17 创建参考点

束 ⊷重合，选择图2-17中的点（1）及线（2），再次选择点（1）及线（3），完成的约束如图2-19所示。

> 💡 ①Creo一般都可以自动捕捉约束，但是有些约束很难或不能自动捕捉，则需要手动添加；
> ②约束与尺寸共同确定截面的形状和位置；
> ③约束也可以替代与之相关的尺寸。

（4）标注图2-20所示的点（1）和点（2），单击中键完成尺寸创建。

步骤4 修改尺寸值

用鼠标左键拉一个矩形框，包围所有尺寸，释放鼠标左键，选中所有的尺寸（不必在意额外选中的直线和中心线），单击按钮

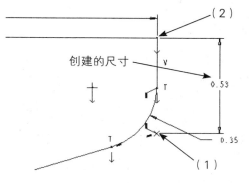

图2-18 约束类型

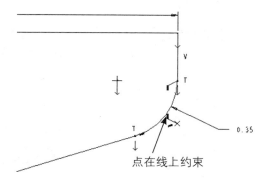

图2-19 添加约束

图2-20 标注尺寸

，弹出"修改尺寸"对话框，取消"重新生成"选项，逐一修改尺寸值，修改完成后单击"确定"按钮，Creo立即根据新的尺寸重新生成截面，完成的截面见图2-21。

2.4 实例三

此实例将完成图2-22所示二维截面的绘制。

步骤1 新建草绘

以文件名"s2d-3"新建"草绘"，并进入草绘环境。

步骤2 草绘线条

该图形的外轮廓由互相相切的直线和圆弧组成，约束比较复杂；右端的正五边形可以用"预定义图形"直接绘制。这副图形宜从外部轮廓着手，绘制时从容易定位的线或弧着手，再绘制其余线条。

> 💡 对于简单的图形，线条绘制完成后再添加约束、标注尺寸；复杂的图形应该一边绘制一边修改尺寸，并添加约束。

（1）单击按钮，绘制图2-23所示的两个圆。

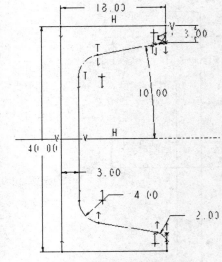

图2-21 完成的二维截面

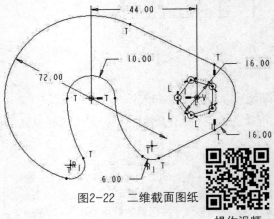

图2-22 二维截面图纸

操作视频

（2）单击按钮 直线相切，绘制"公切线"，分别选择圆上的（1）、（2）与（3）、（4）位置，绘制的公切线见图2-24。

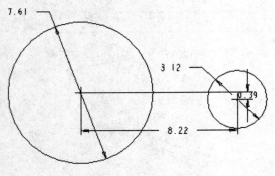

图2-23 绘制圆

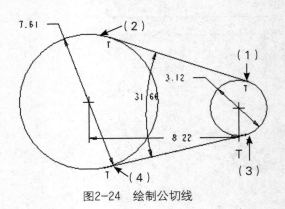

图2-24 绘制公切线

（3）单击按钮 ⊞，再单击按钮 □ 🖳显示尺寸 取消"√"，隐藏尺寸，便于观察。单击按钮 ⌒ 圆心和端点，绘制"圆心端点"圆弧，见图2-25，这两段圆弧与小圆同心。

（4）单击按钮 ⌒弧▾，绘制"三点圆弧"。选择端点（1）和（2），见图2-25。移动鼠标直到其中一端出现"T"，即相切符号时单击左键完成圆弧绘制，见图2-26。

> 🔆 此步绘制的圆弧与大圆不一定同心，不必在意，后面可添加约束，使两者圆心重合。

（5）单击按钮 ⌐ 圆形修剪，创建圆角，见图2-27右图所示。

（6）单击按钮 ⊁删余段，快速删除多余段，完成的图形见图2-28右图所示。

步骤3 添加约束

（1）约束图2-29左图所示两圆同心。单击按钮 →重合 添加"共点"约束，依次选择图2-29左图所示的两个圆的圆心，完成的约束见图2-29右图所示。

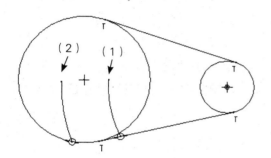

图2-25 选择圆弧端点

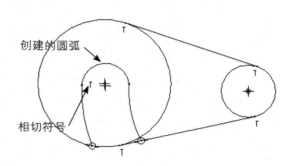

图2-26 绘制的圆弧

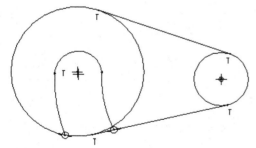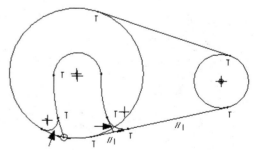

图2-27 倒圆角

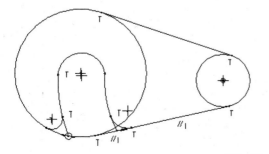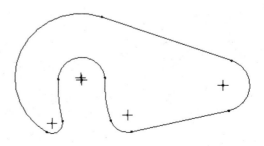

图2-28 删除多余段

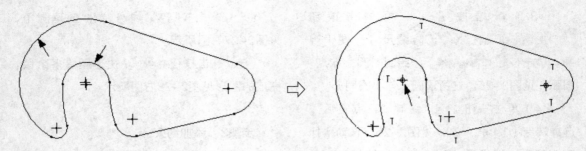

图2-29　添加共点约束

（2）约束图2-30左图所示两圆的圆心在一条水平线上。单击按钮 十水平 添加"水平"约束，依次选择图2-30左图所示的两个圆的圆心，完成的约束如图2-30右图所示。

（3）约束图2-31左图所示两圆角半径相等。单击按钮 一相等 添加"相等"约束，依次选择图2-31左图所示两个圆角，完成的约束如图2-31右图所示。

（4）约束图2-32左图所示圆弧的端点在

一条竖直线上。单击按钮 十竖直 添加"竖直"约束，依次选择图2-32左图所示圆弧的两个端点，完成的约束如图2-32右图所示。

（5）约束图2-33左图所示两个圆弧的端点相切。单击按钮 ✗相切 添加"相切"约束，依次选择图2-33左图所示的两个圆弧，完成的约束如图2-33右图所示。

⚡ 添加相切约束时，选择点应靠近切点。

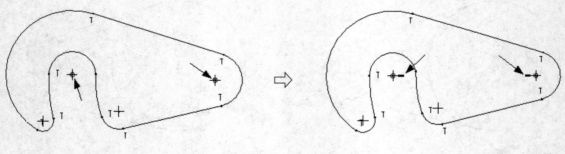

图2-30　添加水平约束

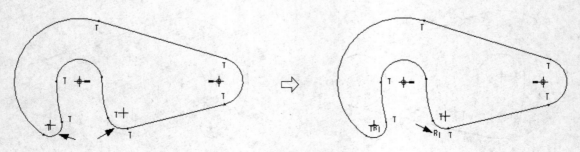

图2-31　添加等半径约束

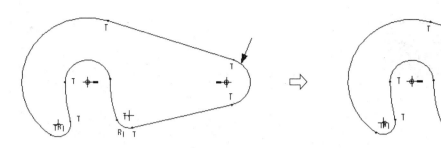

图2-32　添加竖直约束

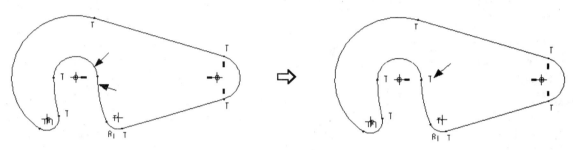

图2-33　添加相切约束

（6）单击按钮，再次单击按钮 ☑ ▯ 显示尺寸，显示尺寸。

步骤4　标注尺寸

单击▯标注尺寸，标注图2-34所示尺寸。

步骤5　修改尺寸值

用鼠标左键拉一个矩形框，包围所有尺寸，释放鼠标左键，选中所有的尺寸，单击

按钮▯修改，弹出"修改尺寸"对话框，取消"重新生成"选项，逐一修改尺寸值，修改完成后单击"确定"按钮，Creo立即根据新的尺寸重新生成截面。完成的截面见图2-35。

步骤6　创建正五边形

单击按钮▯选项板，弹出"草绘器调色板"对话框，单击"多边形"页面，选择五边形，见图2-36。拖动该五边形至绘图区，见图2-37。

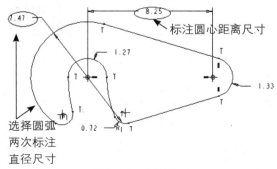

图2-34　标注尺寸

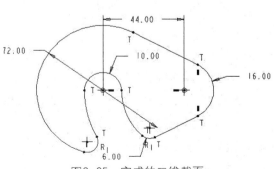

图2-35　完成的二维截面

图2-36　草绘器调色板

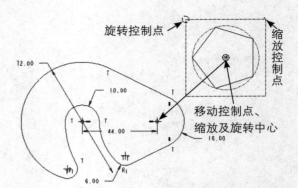

图2-37　创建五边形

旋转角度

图2-38　导入截面操控板

在图2-38所示的"导入截面"操控板中修改旋转角度为90°，左键抓着"移动控制点"，移动"五边形"至右圆弧的圆心，如图2-37所示。关闭"草绘器调色板"，标注五边形外接圆直径尺寸，并修改尺寸值为16，见图2-39。

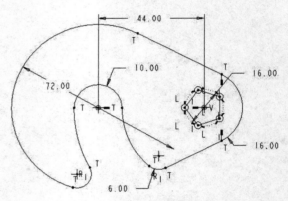

图2-39　完成的草图

> ☀ 左键拖动控制点可以移动、缩放、旋转图形；
> 右键拖动控制点可以移动控制点的位置。

2.5　实例四

此实例将完成图2-40所示二维截面的绘制。

步骤1　新建草绘

以文件名"s2d-4"新建"草绘"，并进入草绘环境。

步骤2　草绘线条

该图形轮廓由多个互相相切的圆弧和直线组成，约束比较复杂。绘制外形时宜从容易定位的弧和线着手，再绘制其余相关线条。由于图形较复杂，宜一边绘制一边更改尺寸值及添加约束。

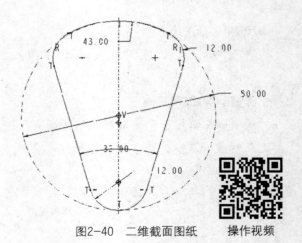

图2-40　二维截面图纸　　操作视频

（1）单击按钮 ┆中心线 ，绘制竖直的中心线；单击按钮 ⊙圆▾ ，绘制三个圆（三个圆的圆心均落于中心线上），见图2-41；选中最外的大圆，按右键弹出右键菜单，单击【构建】菜单将其转换为"构建圆"，如图2-42所示。

（2）添加图2-42所示的相切约束。

💡 "构建"线条是绘图的辅助线，不属于截面的轮廓。

（3）单击按钮 🖼️，再单击 □ ¹⁸显示尺寸 隐藏尺寸，单击 □ ¹⁸显示约束 隐藏约束，便于绘制线条。绘制图2-43所示直线并倒圆角。

（4）镜像图2-43所示的直线和圆角，结果见图2-44。

（5）单击按钮 🖼️，再单击 ☑ ¹⁸显示约束 显示约束，约束图2-45箭头所指圆弧与直线相切。

（6）单击按钮 ✂删除段，删除多余的段。一定要注意不可有残留，见图2-46。

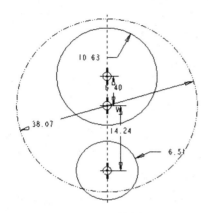

图2-41　绘制圆

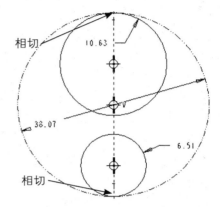

图2-42　转换为构建圆

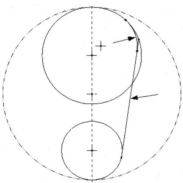

图2-43　倒圆角

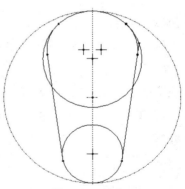

图2-44　镜像

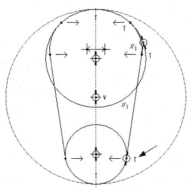

图2-45　相切约束

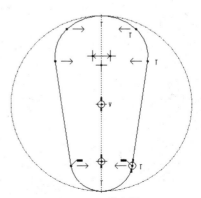

图2-46　删除段

步骤3 标注尺寸

单击按钮 ，再单击 ☑ ⁢ 显示尺寸 显示尺寸，标注图2-47所示的尺寸。

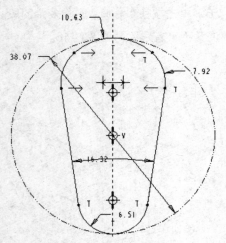

图2-47 尺寸标注完成

步骤4 修改尺寸值

选中所有的尺寸，单击按钮 ⁢修改，弹出"修改尺寸"对话框，取消"重新生成"选项，逐一修改尺寸值，修改完成后单击"确定"按钮，Creo立即根据新的尺寸重新生成截面，完成的截面见图2-48。

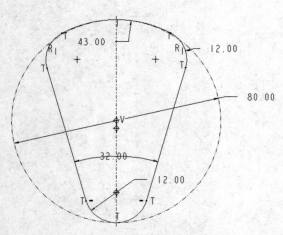

图2-48 完成的二维截面

2.6 实例五

此实例将完成图2-49所示二维截面的绘制。

步骤1 新建草绘

以文件名"s2d-5"新建"草绘"，并进入草绘环境。

步骤2 草绘线条

该图形外轮廓由多个互相相切的圆弧组成，约束复杂。绘制外形时宜从容易定位的弧和线着手，再绘制其余相关线条。由于图形较复杂，宜一边绘制一边更改尺寸值及添加约束。

（1）单击按钮 ⁢中心线，绘制水平和竖直中心线；单击按钮 ⊙圆⁢，绘制两个圆；再用"绘制直线"命令 ⁢线⁢绘制一条左右对称的水平线，标注图示尺寸并修改尺寸值，如图2-50所示。

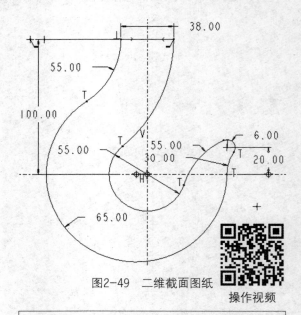

图2-49 二维截面图纸

操作视频

☀ 有中心线时，绘制的直线若接近对称，Creo 会自动捕捉对称约束；双击尺寸值也可以修改尺寸值。

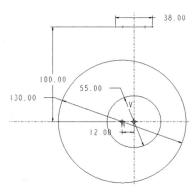

图2-50　绘制圆、直线和中心线

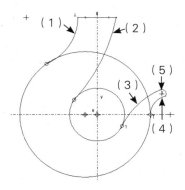

图2-51　绘制三点圆弧

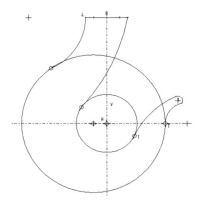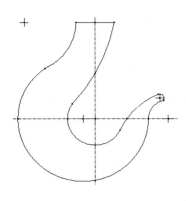

图2-52　删除段

（2）隐藏尺寸。用三点圆弧命令 ⌐弧▼ ，按图2-51所示顺序绘制五段圆弧，这五段圆弧与相邻圆弧均为相切关系。如果没有自动捕捉到约束，也没有关系，稍后手动为其添加约束。

（3）单击按钮 ╱ 删除段 ，删除多余的段。一定要注意不可有残留，见图2-52。

步骤3　添加约束

（1）约束图2-53所示直线和圆弧的"垂直"约束。单击按钮 ⊥垂直 添加"垂直"约束。依次选择图2-53所示的直线和圆弧，完成约束。

（2）为其余未相切的交点添加相切约束。

（3）显示尺寸。

步骤4　标注尺寸

标注图2-54所示圆弧的半径尺寸，这时由于有互相冲突的尺寸或者约束，出现图2-55所示的"解决草绘"对话框。解决的方法是：删除不需要的尺寸或约束；或者把某个冲突尺寸设置为"参考"尺寸。此例中删除值为12的尺寸，见图2-55。

步骤5　修改尺寸值

选中所有的尺寸，单击按钮 ⋺修改 ，弹出"修改尺寸"对话框，取消"重新生成"选项，逐一修改尺寸值，修改完成后确定，Creo立即根据新的尺寸重新生成截面，完成的截面见图2-57。

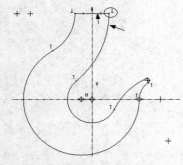

图2-53　添加相切约束

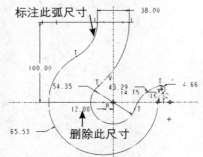

图2-54　约束冲突

图2-55　解决草绘

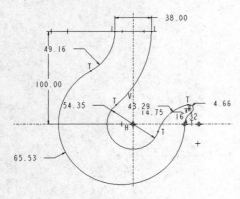

图2-56　尺寸标注完成

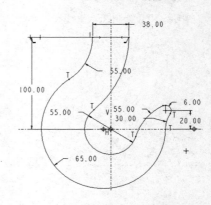

图2-57　完成的二维截面

2.7　实例六

此实例将完成图2-58所示二维截面的绘制。

步骤1　新建草绘

以文件名"s2d-6"新建"草绘"，并进入草绘环境。

步骤2　草绘线条

该图形外轮廓由互相相切的圆弧组成，约束比较复杂。绘制外形时宜从容易定位的弧着手，再绘制其余相关线条。由于图形较复杂，宜一边绘制一边更改尺寸值及添加约束。

（1）单击按钮 中心线，绘制一条中心线；单击按钮 圆，绘制两个圆；标注图示尺寸并修改尺寸值，如图2-59所示。

💡 对称尺寸的标注方法是，按照图2-59的顺序选择图素并放置尺寸［（1）选圆心；（2）选择中心线；（3）再次选圆心；（4）单击中键放置尺寸］。标注相切距离时，应在切点附近选取图素。

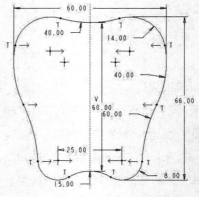

操作视频

图2-58　二维截面图纸

（2）隐藏尺寸。用三点圆弧命令🔲弧▼，绘制图2-60所示的圆弧（1）和（3）。除了圆弧（1）、（2）、（3）、（4）之间的相切约束外，不能有其他的约束。

（3）镜像所有图素，见图2-61。

（4）分别在第（1）组和第（2）组圆之间倒圆角，见图2-62。

（5）单击按钮🔲删除段，删除图2-63所示的多余线段。但是图2-64所示的多余线段无法删除，放大后发现图2-64所示的位置没有相交。如果可以正常删除图2-63所示的多余线段，则省去（6）、（7）两个操作。

（6）用分割命令🔲分割，在图2-65所示位置分割两个大圆弧；然后用拐角命令🔲拐角在图2-65所示位置创建拐角。

（7）删除图2-67所示的段。

步骤3　添加约束

（1）约束图2-68左图所示两圆相切。单击按钮🔲相切添加"相切"约束，依次选择图2-68左图所示的两个圆，完成的约束如图2-68右图所示。

（2）通过鼠标左键拖拉的方式，将图2-69所示的切点，移动到其圆心之上。如果不调整可能会出现切点在圆心之下的情况，到最后虽然尺寸可以修改的与图纸相同，但是图形不同。

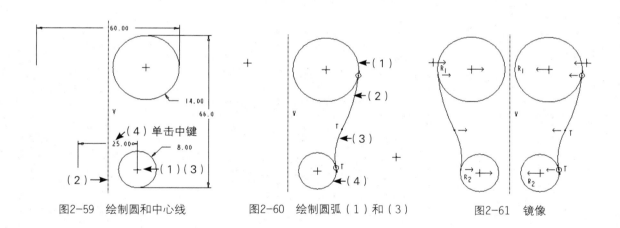

图2-59　绘制圆和中心线　　　　图2-60　绘制圆弧（1）和（3）　　　　图2-61　镜像

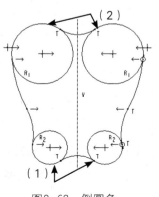

图2-62　倒圆角

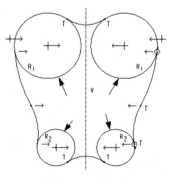

图2-63　删除段

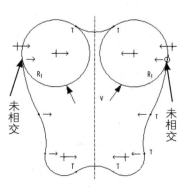

图2-64　未相交

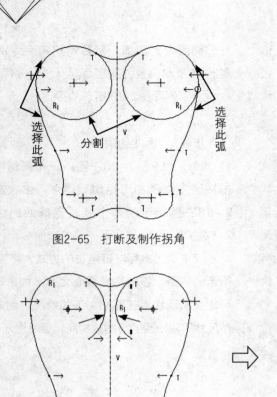

图2-65 打断及制作拐角

图2-66 制作拐角之后的图形

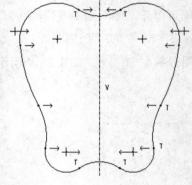

图2-67 删除段

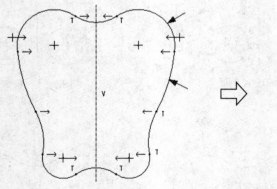

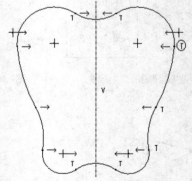

图2-68 添加相切约束

（3）显示尺寸。

步骤4 标注尺寸

由于对图形进行了大量的编辑，以前标注的有些尺寸已经丢失或不再适合，需要重新标注。

不适合的"强"尺寸，要先删除，再重新标注。

相切距离尺寸的标注：单击标注尺寸命令，依次选择图2-70所示的两个圆，单击中键放置尺寸，完成的尺寸见图2-70。标注图2-71所示的其余尺寸。

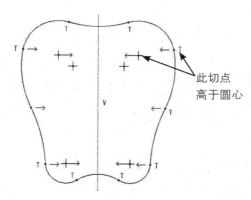

图2-69　调整切点位置

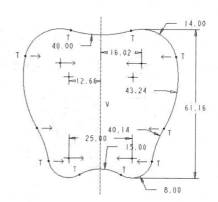

图2-70　标注相切尺寸

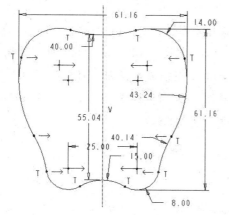

图2-71　标注其余尺寸

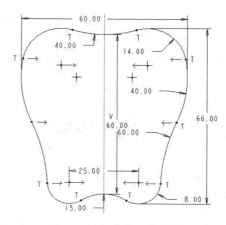

图2-72　完成的二维截面

步骤5　修改尺寸值

选中所有的尺寸，单击按钮 修改，弹出"修改尺寸"对话框，取消"重新生成"选项，逐一修改尺寸值，修改完成后单击确定，Creo立即根据新的尺寸重新生成截面，完成的截面见图2-72。

2.8　实例七

操作视频

此实例将完成图2-73所示二维截面的绘制。

步骤1　新建草绘

以文件名"s2d-7"新建"草绘"，并进入草绘环境。

步骤2　草绘线条

该图形由一条样条曲线和两条圆锥曲线组成。本例涉及样条曲线和圆锥曲线的绘制，样条曲线和圆锥曲线的约束及尺寸标注。

（1）绘制水平和竖直中心线；单击按钮 样条 绘制样条曲线，点选图2-74所示的7个点。

（2）隐藏尺寸。绘制圆锥曲线，圆锥曲线命令见图2-75，指定圆锥曲线的端点和线上一点绘制圆锥曲线，如图2-76所示。

（3）如图2-77所示点添加"对称"约束，单击按钮 对称 添加"对称"约束。依次选择图2-77所示的点（1）、（2）及中心线；选择点（3）、（4）及中心线。完成约束的图形见图2-78。

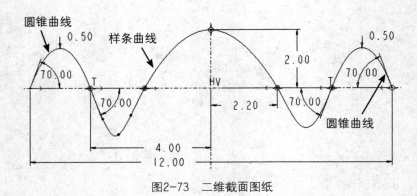

图2-73　二维截面图纸

（4）为图2-79所示位置添加"相切"约束，单击按钮 添加"相切"约束。依次选择图2-79所示的线（1）及线（2），完成的约束见图2-80。

（5）关于竖直中心线镜像圆锥曲线，结果见图2-81。

（6）为图2-82所示位置添加"相切"约束，单击按钮 添加"相切"约束。依次选择图2-82所示的线（1）及线（2），完成的约束见图2-83。

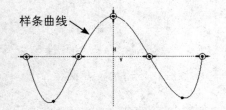

图2-74　绘制样条曲线

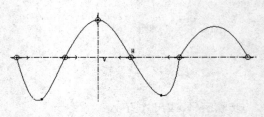

图2-78　对称

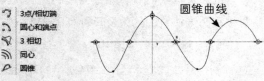

图2-76　绘制圆锥曲线

图2-75　圆锥曲线命令

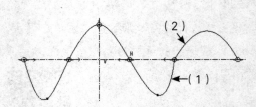

图2-79　添加相切约束

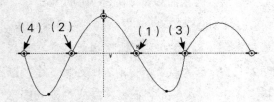

图2-77　添加对称约束

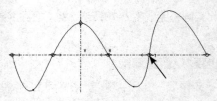

图2-80　相切

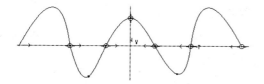

图2-81　完成的二维截面

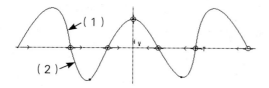

图2-82　添加相切约束

图2-83　相切

（7）显示尺寸。

步骤3　标注尺寸

（1）标注图2-84所示的四个距离尺寸。

（2）标注样条和圆锥曲线端点的切线角度尺寸，如图2-85所示的四个角度尺寸。

> ☀ 样条和圆锥曲线端点的切线角度尺寸的标注方法：单击标注尺寸命令，依次选择图2-85所示的三个图素（选择的顺序可以任意），单击中键放置尺寸。注意：单击中键的位置和标注的角度尺寸有关，共有四种情况。

步骤4　修改尺寸值

选中所有尺寸，单击按钮 ，弹出"修改尺寸"对话框，取消"重新生成"选项，按照图纸修改对应的尺寸值，修改完成后单击

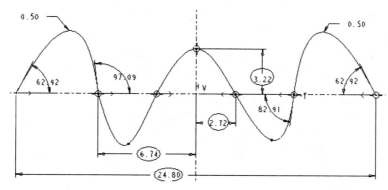

图2-84　标注距离尺寸

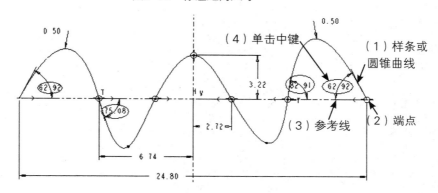

图2-85　标注角度尺寸

"确定"按钮，Creo立即根据新的尺寸重新生成截面，完成的截面见图2-86。

步骤5　编辑样条曲线

（1）选中样条曲线，按着右键，选择"修改"菜单，进入样条曲线编辑工具，见图2-87。

（2）在图2-88所示的三个位置，按着右键添加、删除插值点。

（3）拖动插值点的位置可以调整样条曲线的形状。

（4）单击⿰按钮可以查看样条曲线的曲率分布，见图2-89。

（5）单击✓完成样条曲线编辑，最终完成的图形见图2-90。

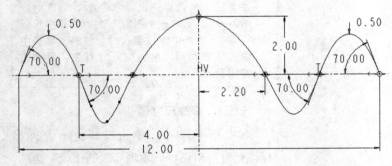

图2-86　完成的二维截面

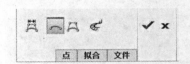

图2-87　样条曲线编辑工具

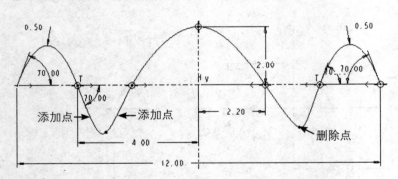

图2-88　添加、删除样条插值点

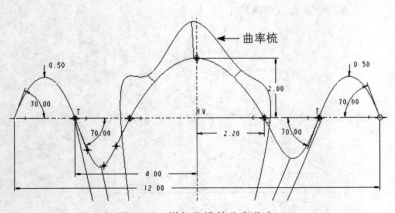

图2-89　样条曲线的曲率分布

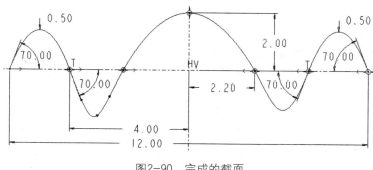

图2-90 完成的截面

2.9 实例八

此实例主要讲解文本创建的各种方法，以图2-91所示文本的创建为例。

步骤1 新建草绘

以文件名"s2d-8"新建"草绘"，并进入草绘环境。

步骤2 草绘线条

该图形以两条中心线和两个圆作为参考线，绘制各种样式的文字。

（1）单击按钮 i 中心线 ，绘制竖直和水平中心线。

（2）单击按钮 ⊙圆▾ 绘制圆，以两条中心线的交点为圆心绘制图2-92所示的同心圆。

（3）单击按钮 🅰文本 创建文本，用鼠标左键点选（1）点，再点选（2）点，绘制图2-93所示线段，以确定文本书写的位置、高度、方向（创建的文本方向与该线一致，文本高度与该线等高）。文本的方位线绘制完成后，弹出"文本"对话框，见图2-94。输入文本"产品设计"，单击"确定"关闭对话框，单击中键完成文本创建。

> ☼ 文本的方位线也可以像草绘线一样添加约束、标注尺寸。

操作视频

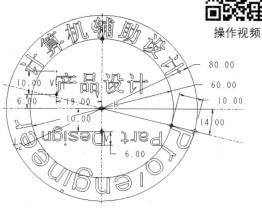

图2-91 二维截面图纸

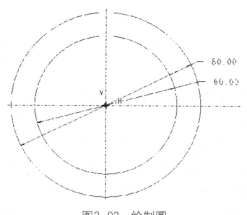

图2-92 绘制圆

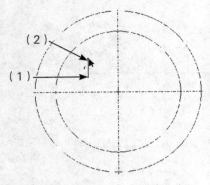

图2-93 确定文本的方位

图2-94 "文本"对话框

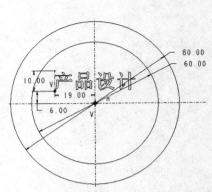

图2-95 修改尺寸

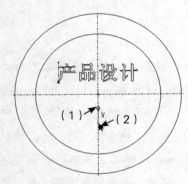

图2-96 确定文本的方位

图2-97 "文本"对话框

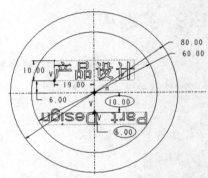

图2-98 修改尺寸

图2-99 确定文本的方位

图2-100 "文本"对话框

（4）修改尺寸，如图2-95所示。

（5）单击按钮 A文本 创建文本，用鼠标左键点选（1）点，再点选（2）点，绘制图2-96所示的文本方位线。文本的方位线绘制完成后，弹出"文本"对话框，见图2-97。输入文字"PartDesign"，设置水平对齐方式为"中心"，单击"确定"关闭对话框，单击中键完成文本创建。

（6）修改尺寸后如图2-98所示。

（7）单击按钮 A文本 创建文本，用鼠标左键点选（1）点，再点选（2）点，绘制图2-99所示的文本方位线。文本的方位线绘制完成后，弹出"文本"对话框，见图2-100。输入文本"计算机辅助设计"，设置水平对齐方式为"中心"。选中"沿曲线放置"选项，系统

图2-101　完成的图形

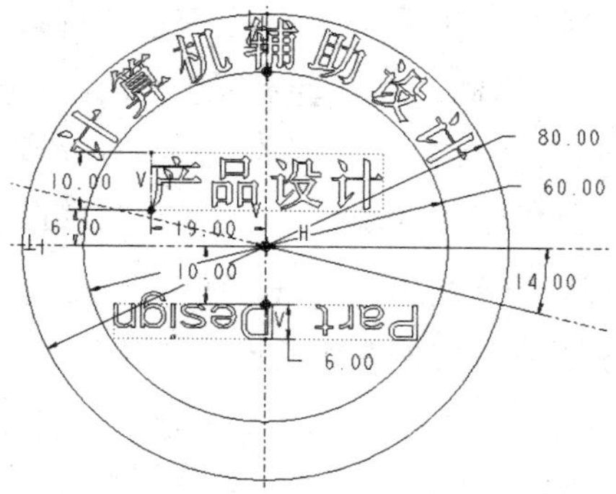

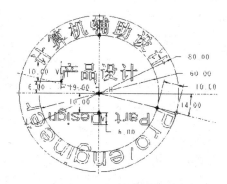

图2-102　绘制中心线

提示选择放置曲线，选择φ60的圆，如果文本放置的方向不正确，单击 按钮反转文本方向。单击"确定"关闭对话框，单击中键完成文本创建。完成的文本见图2-101。

（8）通过φ60圆心，绘制与水平线夹角14°的中心线，见图2-102。

（9）单击按钮 创建文本，用鼠标左键点选（1）点，再点选（2）点，绘制图2-103

所示的文本方位线。文本的方位线绘制完成后，弹出"文本"对话框，见图2-104。输入文本"Pro/engineer"，设置水平对齐方式为"左侧"。选中"沿曲线放置"选项，系统提示选择放置曲线，选择φ60的圆，如果文本放置的方向不正确，单击 按钮反转文本方向。单击"确定"关闭对话框，单击中键完成文本创建。完成的文本见图2-105。

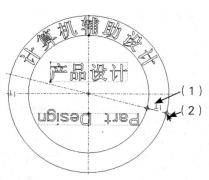

图2-103　确定文本的方位

图2-104　"文本"对话框

图2-105　完成的图形

2.10　相关知识与命令总结

（1）草绘。草绘是Creo中二维截面的统称，也有徒手绘制的意思。在Creo中绘制二维截面只需按照形状大致绘制，再通过添加约束、修改尺寸确定其形状，不需要绘制时考虑线条的位置和尺寸，故称其为草绘。草绘是最

先进的绘制二维截面的方式，既非常快捷又极其严谨，可以充分地发挥设计者的创造力。

（2）镜像。使用Creo的镜像命令 必须提供一条"中心线"作为镜像轴。镜像完成后，Creo自动给关键点添加对称约束，并且接

合所有可以合二为一的直线、圆弧、样条等。

（3）移动、缩放和旋转。Creo的移动、缩放和旋转命令 旋转调整大小，可以对选中的物体执行移动、缩放和旋转操作。但在Creo的草绘环境中不提供对二维截面进行阵列。要使用阵列功能，需要在零件设计环境中。

（4）尺寸标注。Creo的尺寸标注全部由一个命令 完成，根据鼠标点选物件及单击中键的位置不同进行所有种类尺寸的标注。例如：选择一条直线，标注其长度；选择两点，根据单击中键的位置不同可以标注两点的距离、水平距离、竖直距离；选择圆或弧一次，标注半径；选择圆或弧两次，标注直径等。

（5）几何约束。几何约束在Creo中非常重要，也很容易掌握。Creo共提供了9种约束方法（图2-106），可以根据需要选用。约束和尺寸共同确定截面或特征的大小、形状和位置。对于一个确定的二维截面，所需要的约束和尺寸是一定的，约束和尺寸在某些情况下可以互相替代。

（6）修改尺寸值。修改尺寸值有两种方法：双击尺寸值；使用修改尺寸值命令 缩改。前一种方法适用于截面形状、大小已经比较接近目标截面或截面约束关系简单的情况，只有个别尺寸需要修改；后一种方法适用于有现成的图纸、截面尺寸已经确定、有大量尺寸需要修改的情况。对于简单的截面可以草绘完成后修改尺寸值；复杂的截面应当一边绘制一边修改尺寸值。

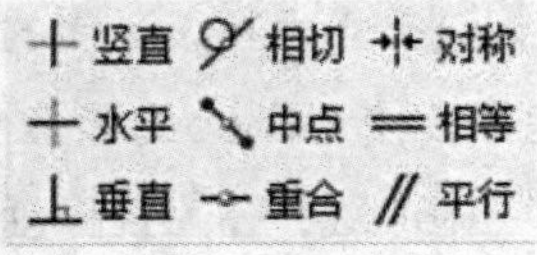

（7）出现多余尺寸的解决方法。很多时候，一个截面绘制完成了，该标注的尺寸都有了，该添加的约束似乎也有了，但是仍旧有一些灰色的尺寸（弱尺寸）存在。对于这种情况一般是以下原因造成的：可能有一些图纸默认的约束没有添加，可能是应该重合的端点没有重合。可以通过适当修改该尺寸值，观察截面形状和线条的变化来判断。找到原因后，只需要添加相应的约束即可。如果是端点不重合，可以用拐角命令 拐角 重新裁剪。

（8）标注尺寸或添加约束出现冲突的解决方法。在标注尺寸或添加约束时，有时会出现图2-107所示的"解决草绘"对话框，这是因为相关的线条出现了过约束（有多余的尺寸或约束）。出现这种情况，有以下解决方案：如果所标注的尺寸或约束可以没有，可以单击"撤销"按钮或将其转换为"参考"尺寸；如果所标注的尺寸或约束必须存在，可以选中其他不重要的尺寸或约束，将其删除。

（9）封闭环检查。Creo的二维截面大多要求构成封闭环，但是在绘图过程中由于一些意外的原因往往难如人愿。一般有两种情况会造成草图不封闭：有开放的端点；有重合的线条。Creo4.0提供三个命令帮助我们检查截面是否封闭，见图2-108。

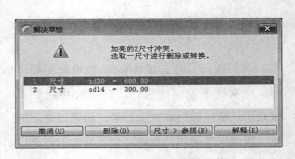

图2-106　草图的约束

图2-107　解决草绘

重叠几何	使用该命令可以标记重合的及其前后两端的线条,可以容易地找到重叠几何。
突出显示开放端	该命令会在开放的端点处以红色的圆点做标记,便于进一步处理。如果使用了该命令但是没有标记,表明没有开放端点。
着色封闭环	该命令会在封闭的草图内部着色,如果不能着色说明草图不封闭。

图2-108　封闭环检查

2.11　二维截面绘制练习

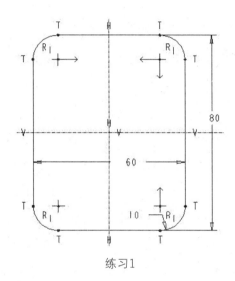

练习1

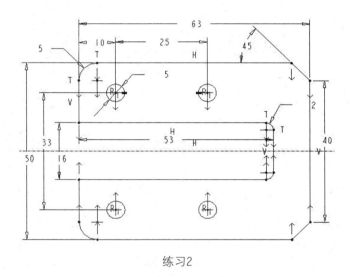

练习2

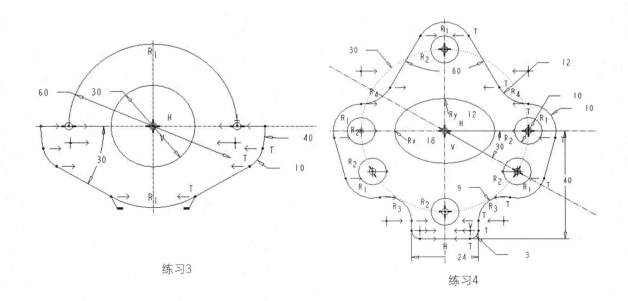

练习3

练习4

练习5

练习6

练习7

练习8

练习9

练习10

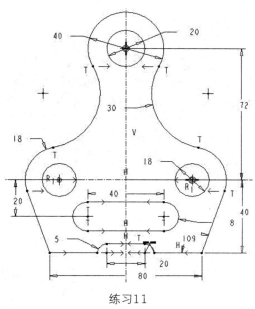

练习11

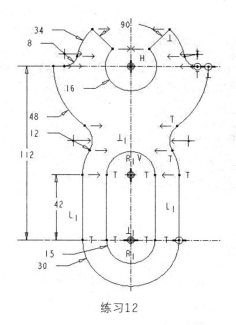

练习12

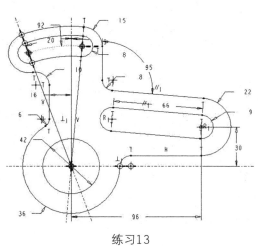

练习13

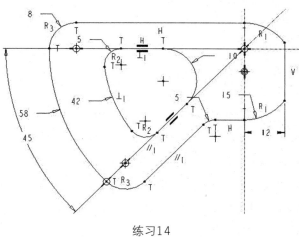

练习14

练习15

第三章
基础建模——拉伸

PPT课件

资源包

　　拉伸建模方法的原理是：用一个截面沿着垂直该截面的方向拉动创建实体或曲面。拉伸是创建形状规则的机械零件常用的方法，也用于创建其他零件的基体。本章以拉伸创建实体和曲面的方法为主。涉及草绘平面及其参考的选择，草绘参考的用途及选取，曲面基本概念及其编辑，倒圆角、倒角、孔、拔模、筋等工程特征的创建等知识点。

3.1　学习目标

　　掌握Creo拉伸增加材料、切减材料和创建曲面的各种方法。掌握拉伸的草绘平面及其参考的选择，拉伸草图的要求及其参考；掌握拉伸曲面的基本概念、基础用法及其编辑；掌握倒圆角、倒角、孔、拔模、筋等工程特征的创建方法及技巧。

3.2　配置Creo绘图环境

　　（1）在Creo的桌面或开始菜单快捷方式（最好两者都进行此项设置）上单击右键，选择【属性】菜单，进入"Creo Parametric属性"对话框，见图3-1。图中的"起始位置"即为Creo用户配置文件保存的位置，设置到你安排的工作目录（以工作目录在"E:\PTC_wrk"为例，下同）。

　　（2）单击"确定"完成设置。

　　（3）开启Creo Parametric，选择【文件】⇨【选项】菜单，打开"Cero Parametric选项"对话框，见图3-2。在该对话框，单击【系统外观】，在【主题】下拉框中选择"深色主题"。

　　（4）选择【文件】⇨【选项】菜单，进入"Cero Parametric选项"对话框，选择"配置编辑器"选项，见图3-3。

　　（5）在"选项"对话框的"名称"列中输入配置项名称，在"值"列中输入配置值。单击 添加(A)... 按钮可以添加配置项。表3-1是常用的配置项，务请设置。

　　（6）输入完成后，单击保存 确定 按钮，就会出现保存配置文件对话框，按照提示将配置文件保存至前面设置的工作目录，文件名为"config.pro"。以后Creo启动时，自动到"起始位置"目录，寻找"config.pro"文件，并

图3-1 Creo Parametric属性对话框

图3-2 Creo Parametric选项

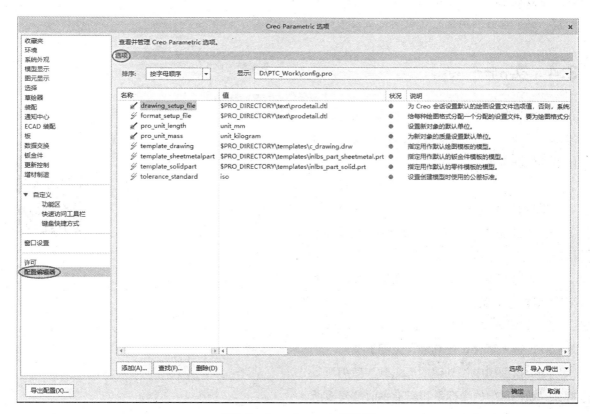

图3-3 Creo Parametric选项

表3-1 常用配置项

配置项名称	配置值	说明
template_solidpart	mmns_part_solid.prt	零件设计的模板
trail_dir	E:\PTC_wrk\trail_dir	Trail文件的保存路径
template_drawing	a2_drawing.drw	工程图设计的模板
hole_diameter_override	yes	可以自由指定孔的尺寸而非局限于孔系列
file_open_default_folder	working_directory	打开文件的缺省路径为工作目录（即开始位置）

启用其中的配置项目。保存"config.pro"文件的路径和文件名不能有误。

3.3　显示相关操作

显示工具栏如图3-4所示，悬浮于绘图区。主要进行模型的显示相关操作，使用非常频繁，必须学会使用

3.4　实例一

此实例将完成图3-5所示零件的绘制。学习Creo创建零件的基本流程、基本概念及拉伸工具的基本用法。

步骤1　新建零件

（1）单击【文件】⇨【新建】，或单击按钮，进入"新建"对话框。

（2）选择图3-6所示的"类型"及"子类型"，即缺省设置。

（3）输入文件名称"prt-3-1"，单击"确定"，进入零件设计环境，见图3-7。

（4）模型树中按创建的历史顺序罗列所有特征；绘图区中的坐标系和基准平面是模板所创建，坐标系一般用于基准点、基准平面、公式曲线、曲线等的创建，也用于模型的导入、导

　重新调整绘图区，使模型以最合适的尺寸显示在绘图区
　窗口放大
　缩小0.8倍
　重画绘图区
　渲染选项
　模型显示样式

	带反射着色	Ctrl+1
	带边着色	Ctrl+2
	着色	Ctrl+3
	消隐	Ctrl+4
	隐藏线	Ctrl+5
	线框	Ctrl+6

　视图方向

　标准方向
　默认方向
　BACK
　BOTTOM
　FRONT
　LEFT
　RIGHT
　TOP
　重定向(O)...
　视图法向

　(全选)
　轴显示
　点显示
　坐标系显示
　平面显示

　基准显示过滤器

　视图管理器
　注释显示
　旋转中心

图3-4　显示工具栏

操作视频

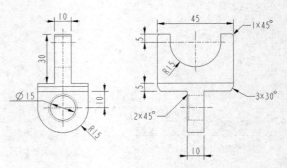

图3-5　零件图纸

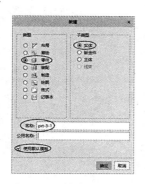

图3-6 "新建"对话框

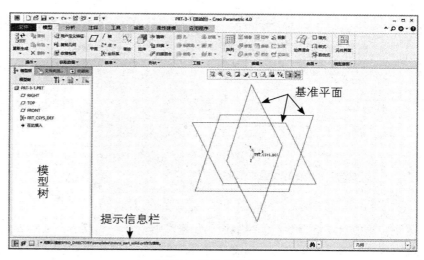

图3-7 零件设计环境

出；基准平面一般作为二维草绘的放置面或参考，也用于特征的定位、基准轴和其他基准平面创建等场合。模板创建的基准平面，FRONT代表XY面，RIGHT代表YZ面，TOP代表XZ面。

步骤2　创建第一个拉伸特征

该零件可以通过两次拉伸增加材料，一次拉伸切除材料完成建模。

（1）单击 按钮，出现图3-8所示的"拉伸"操控板。

（2）单击【放置】菜单，单击 定义... 按

钮，弹出"草绘"对话框，见图3-9。选择TOP作为草绘平面，系统自动选择RIGHT作为向"右"的参考，见图3-10。

注：草绘的方向由"查看草绘的方向"和"草绘参考的方向"共同决定。单击 反向 按钮可以反转"查看草绘的方向"，该方向指的是进入草绘环境后，用户观察草绘的方向，即用户视线的方向，进入草绘环境后该箭头指向电脑屏幕里面；"草绘参考的方向"由用户指定，可以指向电脑屏幕的上、下、左、右，本例"草绘参考的方向"指向右。

（3）单击 草绘 按钮或单击中键进入草绘环境，系统自动选择图3-11所示的RIGHT和FRONT基准平面作为绘制二维截面的参考。如

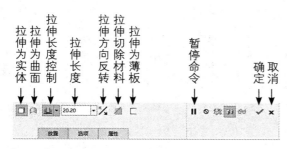

【放置】——定义、编辑拉伸截面
【选项】——控制拉伸长度
【属性】——定义该特征的名称

图3-8 拉伸操控板

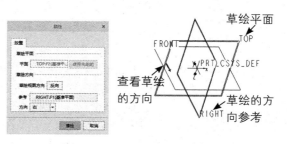

图3-9 草绘对话框　　图3-10 草绘平面选取

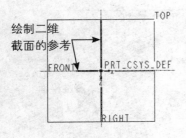

图3-11 绘制截面的参考

图3-12 参考对话框

果系统不能自动选择绘制二维截面的参考,则弹出图3-12所示的对话框,需要用户自行选择参考。

(4)单击 按钮,重定向草绘视图,使之与电脑屏幕平行。绘制图3-13所示的截面,Creo自动标注必要的尺寸,单击 按钮,会出现显示隐藏基准的选项,取消基准屏幕和基准坐标系显示。

(5)单击 按钮标注图3-14所示的尺寸,并修改尺寸值。

(6)单击 完成草绘,继续下一步设置。

(7)在拉伸操控板中,单击 按钮选择拉伸为实体,选择拉伸"长度控制"方式为 ——对称拉伸,输入拉伸长度为10,见图3-15。

(8)单击 完成拉伸特征创建,创建的实体见图3-17。

步骤3 创建第二个拉伸增料特征

(1)单击 拉伸 按钮,创建拉伸特征。

(2)单击【放置】菜单,单击 定义... 按

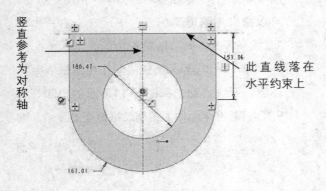

图3-13 草绘截面

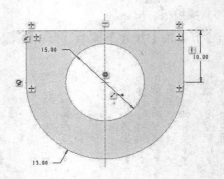

图3-14 标注尺寸

图3-15 拉伸设置

⊞ 从草绘平面开始拉伸给定长度

⊡ 对称拉伸，拉伸的材料对称地分布在草绘平面两侧

⊟ 拉伸到下一个面

⊟ 穿过所有的材料

⊟ 拉伸到与选定的曲面相交

⊟ 拉伸到选定的点、曲线、平面和曲面

图3-16　拉伸"长度控制"的各种方式

图3-17　创建的拉伸特征

钮，弹出"草绘"对话框，见图3-18。单击 ⊡ 按钮以线框模式显示模型。如果基准平面没有显示出来，单击 ⊿ 显示基准平面。选择 TOP作为草绘平面，系统选择RIGHT作为向"右"的方向参考，见图3-19。

（3）单击 草绘 按钮或单击中键激活草绘环境，系统自动选择RIGHT和FRONT基准平面作为绘制二维截面的参考。

（4）单击 ⊡投影 按钮使用已有的几何，选择图3-20所示的实体边，系统在当前草绘中使用该边。

（5）绘制图3-21所示的其他线条，保证截面左右对称。

（6）单击 ⊡ 按钮标注图3-22所示的尺寸，

并修改尺寸值。单击 ✔ 完成草绘，继续下一步设置。

（7）单击 ⊡ 选择拉伸为实体，选择拉伸"长度控制"方式为 ⊡——对称拉伸，输入拉伸长度为45，见图3-23。

（8）单击 ✔ 完成拉伸特征创建，单击 ⬚ 按钮着色模型，创建的实体见图3-24。

步骤4　创建拉伸切除材料

（1）单击 ⬚拉伸 按钮，创建拉伸特征。

（2）单击【放置】菜单，单击 定义... 按钮，弹出"草绘"对话框，见图3-25。单击 ⊡ 按钮以线框模式显示模型。如果基准平面没有显示出来，单击 ⊿ 显示基准平面。选择

图3-18　草绘对话框

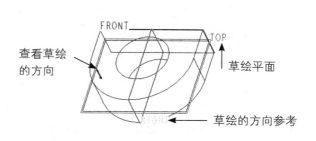

图3-19　草绘平面选取

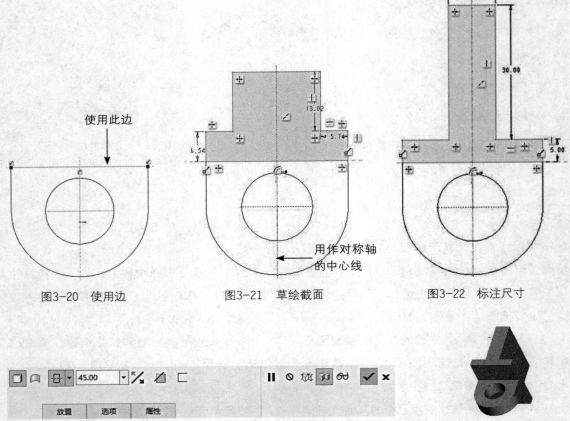

图3-20 使用边　　　　　图3-21 草绘截面　　　　　图3-22 标注尺寸

图3-23 拉伸设置　　　　　　　　　图3-24 创建的拉伸特征

图3-25 草绘对话框　　　　　　　图3-26 草绘平面选取

RIGHT作为草绘平面，系统自动选择TOP作为草绘的方向参考，设置草绘参考的方向朝向"上"——屏幕上方，见图3-26。

（3）单击 草绘 按钮，或单击中键激活草绘环境，系统自动选择TOP和FRONT基准平面作为绘制二维截面的参考。

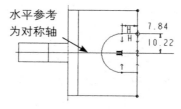

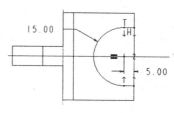

图3-27　使用边　　　　　图3-28　草绘截面　　　　　图3-29　标注尺寸

（4）单击 投影 按钮使用已有的几何，选择图3-27所示的实体边，系统在当前草绘中使用该边。

（5）绘制图3-28所示的其他线条，保证截面上下对称。

（6）使用 删除段 命令修剪不需要的段。单击 尺寸 标注图3-29所示的尺寸，并修改尺寸值。

（7）单击 ✔ 完成草绘，继续下一步设置。

（8）单击 □ 选择拉伸为实体，选择 ◢ 为切除材料方式，见图3-30、图3-31。

（9）单击【选项】菜单，在弹出的下拉面板中，深度方式的侧1、侧2均选择"穿透"，见图3-32。

（10）单击 ✔ 完成拉伸特征创建，单击 ▣ 按钮着色模型，最终完成的零件见图3-33。

步骤5　倒角

（1）单击 倒角 · 按钮，创建倒角特征，"倒角"操控板见图3-34。

D×D：在各曲面上与边相距（D）处创建倒角。

D1×D2：在一个曲面距选定边（D1），在另一个曲面距选定边（D2）处创建倒角。

角度×D：距相邻曲面的选定边距离为（D），与该曲面的夹角为指定角度创建倒角。

45°×D：与两个曲面都成45度角，且与各曲面上的边的距离为（D）创建倒角。

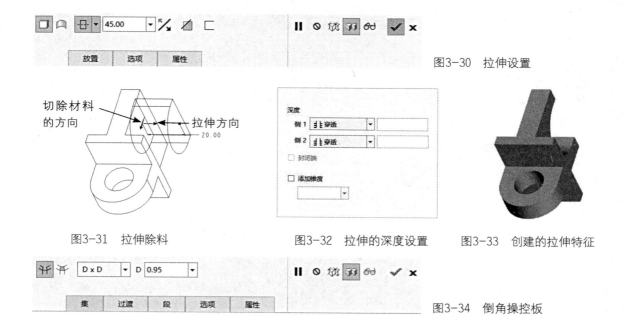

图3-30　拉伸设置

图3-31　拉伸除料　　　　　图3-32　拉伸的深度设置　　　　　图3-33　创建的拉伸特征

图3-34　倒角操控板

（2）选择"角度×D"的模式，输入角度=30，D=3，单击✕按钮调换倒角尺寸，见图3-35。按着键盘上的"Ctrl"键选择图3-36所示边线。单击✔完成倒角创建，结果见图3-37。

（3）单击 ◇倒角 ▾ 按钮，设置图3-38所示

的倒角参数。选择图3-39所示的边线。单击✔完成倒角创建。

（4）单击 ◇倒角 ▾ 按钮，设置图3-40所示的倒角参数。选择图3-41所示的边线。单击✔完成倒角创建。

图3-35　设置倒角参数

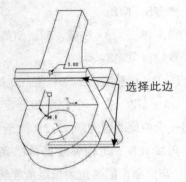

图3-36　选择倒角边

图3-37　完成的倒角

图3-38　设置倒角参数

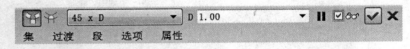

图3-40　选择倒角边

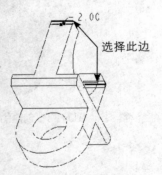

图3-39　选择倒角边

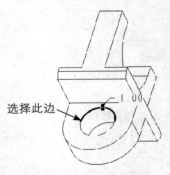

图3-41　选择倒角边

3.5 实例二

此实例将完成图3-42所示零件的绘制。通过此例学习Creo拉伸特征的划分及其草绘平面的选择或创建，并学习倒圆角、孔工具、创建基准平面、创建轴、镜像特征的基本方法。对于常见的规则零件，划分基础特征的要点是：先剔除可以用专用工具创建的倒圆角、倒角、孔、拔模斜度、壳等特征，再想象零件的形状，根据基础特征的创建原理划分特征。该零件可以通过不同方向的数次拉伸创建，然后再利用倒圆角工具和孔工具创建零件的圆角及孔。

操作视频

步骤1 新建零件

（1）单击【文件】⇨【新建】，或单击 按钮，进入"新建"对话框。

（2）接受缺省设置，输入文件名称"prt-3-2"，单击"确定"，进入零件设计环境。

步骤2 创建第一个拉伸特征

（1）首先创建100×60，高15的矩形块。

单击 按钮，出现图3-43所示的拉伸操控板。

（2）单击【放置】菜单，单击 定义... 按钮，弹出"草绘"对话框，见图3-44。选择TOP作为草绘平面，系统自动选择RIGHT作为向"右"的参考，见图3-45。

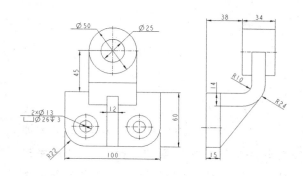

图3-42 零件图纸

图3-43 拉伸操控板

图3-44 草绘对话框

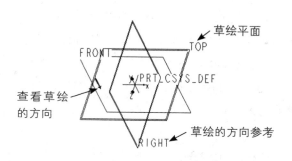

图3-45 草绘平面选取

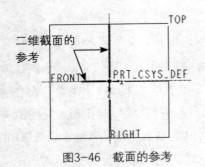

图3-46 截面的参考

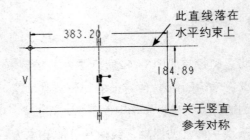

图3-47 草绘截面

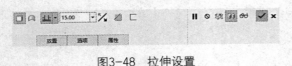

图3-48 拉伸设置

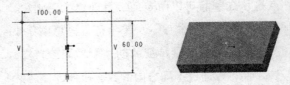

图3-49 修改尺寸值 图3-50 创建的拉伸特征

（3）单击 草绘 按钮，或单击中键激活草绘环境，系统自动选择图3-46所示的RIGHT和FRONT基准平面作为绘制二维截面的参考。

（4）绘制图3-47所示的截面，Creo自动标注必要的尺寸，单击 和 按钮隐藏基准平面和坐标系。

（5）修改尺寸值，如图3-49所示。

（6）单击 按钮完成草绘，继续下一步设置。

（7）在拉伸操控板中，单击 按钮选择拉伸为实体，选择拉伸"长度控制"方式为 ——输入拉伸长度，输入拉伸长度为15。单击 按钮可以反转拉伸方向，使拉伸方向向上。见图3-48。

（8）单击 按钮完成拉伸特征创建，创建的实体见图3-50。

步骤3 创建第二个拉伸增料特征

（1）这一步创建ϕ50的圆柱体。单击 按钮，创建拉伸特征。

（2）单击【放置】菜单，单击 定义... 按钮，弹出"草绘"对话框。如果基准平面没有显示出来，单击 显示基准平面。

> ☼ 模板的三个基准平面的任何一个都不能作为此圆柱体的草绘平面，遇到这种情况就需要用户自行创建基准平面，以便用作截面的草绘平面。

（3）单击 按钮组，单击 按钮，创建新的基准平面，选择TOP作为参考，输入偏移距离38，见图3-51，其意义为向指定的方向平移TOP平面38个单位。单击中键完成基准平面创建，系统自动把刚创建的基准平面DTM1作为草绘平面，系统自动选择RIGHT作为向"右"的参考，见图3-52。

> ☼ 基准平面是常用的参考特征，多用作草绘平面、打孔平面等。创建基准平面命令 ，可以根据用户选择的几何要素确定创建平面的方法，例如：选择了两条相交或平行直线，系统自动以通过这两条直线创建新基准平面；选择了一个平面及一条与其平行的直线，则通过该直线与该平面成一定夹角创建新基准平面等。后面会进行专门讲解。

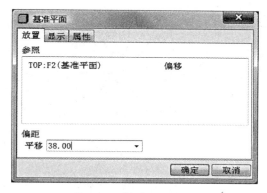

图3-51 基准平面创建

图3-52 草绘对话框

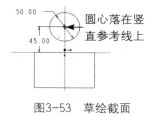

图3-53 草绘截面

图3-54 拉伸设置

（4）单击 草绘 按钮或单击中键激活草绘环境，系统自动选择RIGHT和FRONT基准平面作为绘制二维截面的参考。

（5）绘制图3-53所示的圆，并修改尺寸。

（6）单击✔完成草绘，继续下一步设置。

（7）单击☐选择拉伸为实体，选择拉伸"长度控制"方式为￥——输入拉伸长度，输入拉伸长度为34。单击✗可以反转拉伸方向，使拉伸方向向上，见图3-54。

（8）单击✔完成拉伸特征创建，单击☐按钮着色模型，创建的实体见图3-55。

> 🔅 基准平面是常用的参考特征，创建含有圆柱体或部分圆柱体的特征，系统会自动创建柱面的轴心。

步骤4 创建矩形块和圆柱体之间的连接板

（1）单击▓按钮，创建拉伸特征。

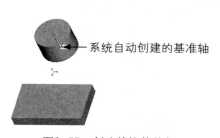

图3-55 创建的拉伸特征

（2）单击【放置】菜单，单击 定义... 按钮，弹出"草绘"对话框，见图3-56。单击☐按钮以线框模式显示模型。如果基准平面没有显示出来，单击❹显示基准平面。选择RIGHT作为草绘平面，系统自动选择TOP作为草绘的方向参考，设置草绘参考的方向朝向"顶"——即屏幕上方，见图3-57。

（3）单击 草绘 按钮或单击中键激活草绘环境，系统自动选择TOP和FRONT基准平面作为绘制二维截面的参考。

图3-56 草绘对话框

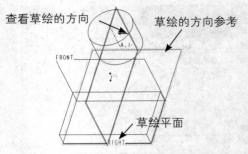

图3-57 草绘平面选取

（4）单击 按钮，参考对话框出现，添加图3-58所示的几何作为绘图参考，单击 关闭(C) 按钮完成参考选取。

（5）绘制图3-59所示的截面，保证截面构成一个封闭的环。

（6）单击 完成草绘，继续下一步设置。

（7）单击 选择拉伸为实体，选择拉伸"长度控制"方式为 ——对称拉伸，输入拉伸长度为50，见图3-60。

（8）单击 完成拉伸特征创建，单击 按钮着色模型，完成的特征见图3-61。

步骤5 倒圆角

（1）单击 倒圆角 按钮，创建倒圆角特征，在图3-62所示的操控板中输入倒圆角半径10。

> ☼ 倒圆角的基本操作：设置圆角半径，选择倒圆角边，设置倒圆角参数（简单圆角一般接受缺省设置即可），对于复杂圆角有时需要设置过渡方式。

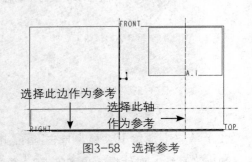

图3-58 选择参考

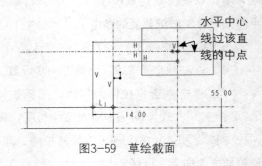

图3-59 草绘截面

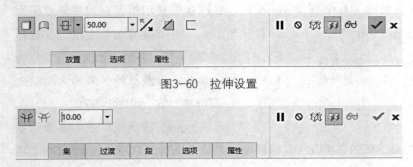

图3-60 拉伸设置

图3-62 倒圆角面板

图3-61 创建的拉伸特征

（2）选择图3-63所示的边倒圆角。

> 💡 如果要对多条边倒相同大小的圆角，可以按着"Ctrl"键选取倒圆角边；不按"Ctrl"键选取的边另成一组，可以输入新的半径。单击【设置】弹出图3-64所示的面板，在其中可以激活倒圆角组、更改倒圆角半径、设置倒圆角参数、删除或变更倒圆角组等。

（3）单击 ☑ 按钮或单击中键完成倒圆角，见图3-65。

（4）单击 ⬤倒圆角 按钮，创建R24的倒圆角，在图3-66所示的操控板中输入半径24。

（5）选择图3-67所示的边倒圆角。

（6）单击 ☑ 按钮或单击中键完成倒圆角，见图3-68。

（7）单击 ⬤倒圆角 按钮，创建R22的倒圆角，输入倒圆角半径22。

（8）选择图3-69所示的边倒圆角。

（9）单击 ☑ 按钮或单击中键完成倒圆角，见图3-70。

步骤6　创建孔

（1）单击 ⬤孔 按钮，创建孔特征，其操控板见图3-71。

> 💡 创建孔的基本操作：确定孔的形状和尺寸，指定打孔的平面，指定孔的位置参考。

> 💡 孔命令可以创建普通的直孔、沉头孔、埋头孔、沉头和埋头共有的孔、带螺纹的孔、不规则截面的异型孔等。

（2）选择创建简单孔 ⬤，输入孔直径25，设置孔深度为贯通 ⬤。

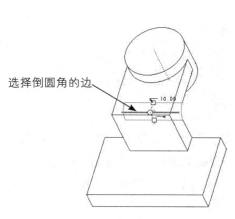

选择倒圆角的边

图3-63　选择倒圆角边

图3-64　倒圆角设置面板

图3-65　完成的圆角

倒圆角半径

图3-66　倒圆角面板

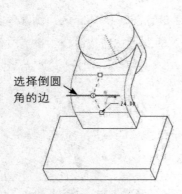

图3-67　选择倒圆角边

图3-68　完成的圆角

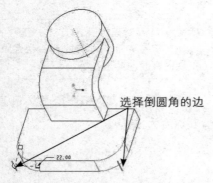

图3-69　选择倒圆角边

图3-70　完成的圆角

图3-71　创建孔操控板

（3）选择图3-72所示的面为打孔平面，按着"Ctrl"键选择图示轴线——意义为创建孔的轴线与此轴线共线。如果轴线没有显示出来，可以单击 按钮显示轴线。

（4）单击 按钮或单击中键完成孔特征，见图3-73。

（5）单击 按钮，创建底板上的两个孔。这两个孔是与圆角同轴的沉头孔。单击 按钮

创建预定义形状孔，单击 按钮以创建沉头孔，设置孔的深度方式为贯通 ，见图3-74。

（6）单击【形状】菜单，在弹出形状下拉面板中输入图3-75所示的尺寸。

（7）选择图3-76所示的面为打孔平面，但是前面创建的R22圆角并没有轴线，此时可以用创建轴命令创建该圆柱面的轴线。

（8）单击 按钮组，单击 按钮，选择

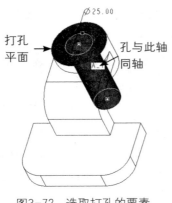

图3-72 选取打孔的要素

图3-73 完成的孔

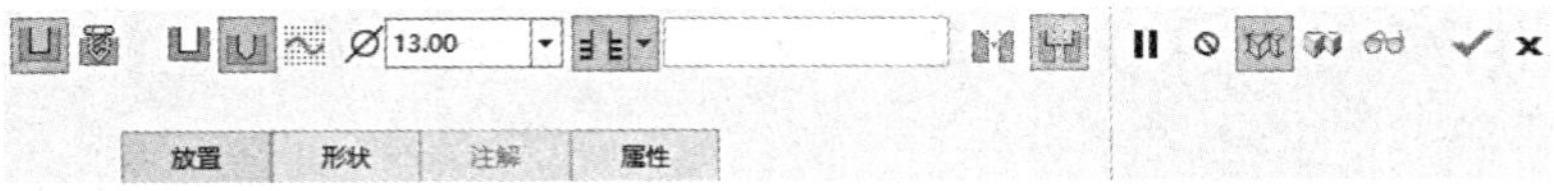

图3-74 创建孔操控板

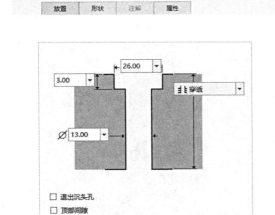

图3-75 形状下拉面板

图3-76 选取打孔的要素

图3-77所示的圆柱面——为该圆柱面创建轴线，单击 确定 完成轴线创建。

> 💡 轴是常用的参考特征，一般用于孔的定位、辅助创建曲面和曲线等。

（9）这时创建孔工具会处于"暂停"模式——所有功能都不可用，单击 ▶ 按钮退出"暂停"模式继续孔参数的设置。按着"Ctrl"键选择刚刚创建的轴线。

（10）单击 ✔ 按钮或单击中键完成孔特征，见图3-78。

步骤7 镜像步骤6创建的沉头孔

（1）选择沉头孔：在模型树中选择沉头孔对应的特征——选择的时候绘图区的特征会加亮；也可以直接在绘图区选择沉头孔特征。

> 💡 在绘图区单击特征就可以选中该特征，此时该特征会加亮——以绿色细线框显示。系统默认的选取过滤器为"几何"，选中几何时可以进行几何拓展上下文（特征或零件）的操作；要直接选中特征，可以按着"Alt"键或更换过滤器。

（2）单击镜像按钮 ⅢⅡ镜像，此时系统提示选择"镜像平面"，选择RIGHT基准平面。如果基准平面没有显示出来，可以单击 ⑦ 按钮显示基准平面。

> ☆ 镜像工具可以对选中的一个或多个特征关于一个基准平面或其他平面进行镜像。

（3）单击 ✔ 按钮或单击中键完成特征镜像，见图3-79。

步骤8 创建三角形的加强板

（1）单击 拉伸 按钮，创建拉伸特征。

（2）单击【放置】菜单，单击 定义... 按钮，弹出"草绘"对话框，见图3-80。单击 ⑩ 按钮以线框模式显示模型。选择RIGHT作为草绘平面，系统自动选择TOP作为草绘的方向参考，设置草绘参考的方向朝向"顶"，即屏幕上方，见图3-81。

（3）单击 草绘 按钮或单击中键激活草绘环境，系统自动选择TOP和FRONT基准平面作为绘制二维截面的参考。

（4）单击使用边命令 ⑩，使用图3-82所示的边线，单击 关闭(C) 按钮完成命令。

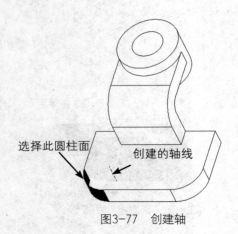

选择此圆柱面　创建的轴线

图3-77　创建轴

图3-78　创建的沉头孔

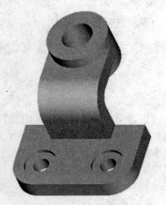

图3-79　镜像的孔

| 草绘 | ✕ |

放置

草绘平面

平面 | RIGHT:F1(基准平面) | 使用先前的 |

草绘方向

草绘视图方向 | 反向 |

参照 | TOP:F2(基准平面) |

方向 | 顶 ▼ |

| 草绘 | 取消 |

图3-80　草绘对话框

（5）绘制图3-83所示的直线，注意直线端点的约束条件。

（6）用删除段命令 🖊 删除图3-84所示的线段，注意所有的线要构成一个封闭的环。

（7）单击 ✔ 完成草绘，继续下一步设置。

（8）单击 🔲 选择拉伸为实体，选择拉伸"长度控制"方式为 ⊟——对称拉伸，输入拉伸长度为12，见图3-85。

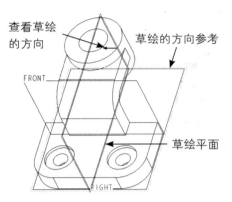

图3-81　草绘平面选取

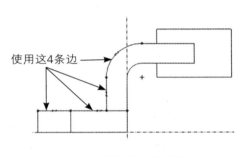

图3-82　使用边

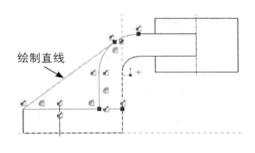

图3-83　草绘截面

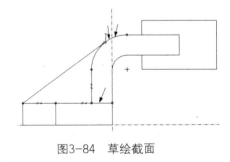

图3-84　草绘截面

图3-85　拉伸设置

（9）单击 ✔ 完成拉伸特征创建，单击 🔲 按钮着色模型，最终完成的零件见图3-86。

图3-86　创建的拉伸特征

3.6 实例三

此实例将完成图3-87所示零件的建模。此例的零件仍以拉伸特征为主，继续学习拉伸建模的用法。进一步演示划分基础特征的要点及特征创建的先后顺序。此零件可以通过不同方向的数次拉伸创建，然后再利用孔工具创建零件的孔。

步骤1　新建零件

（1）单击□按钮，进入"新建"对话框。

（2）接受缺省设置，输入文件名称"prt-3-3"，单击"确定"，进入零件设计环境。

步骤2　创建第一个拉伸特征

（1）首先创建直径φ40的圆柱体。单击拉伸按钮，在出现的拉伸操控板中单击【放置】菜单，单击定义...按钮，弹出"草绘"对话框。选择TOP作为草绘平面，系统自动选择RIGHT作为向"右"的参考，见图3-88。

（2）单击中键激活草绘环境，系统自动选择图3-89所示的RIGHT和FRONT基准平面作为绘制二维截面的参考。

（3）绘制图3-90所示的截面，Creo自动标注必要的尺寸，修改尺寸值如图3-90所示。

（4）完成草绘，继续下一步设置。

（5）在拉伸操控板中，选择拉伸为实体，输入拉伸长度为26。调整拉伸方向沿Y轴正方向。

（6）完成拉伸特征创建，创建的实体见图3-91。

步骤3　创建第二个拉伸增料特征

（1）这一步创建底部的半边支座。单击按钮，创建拉伸特征。

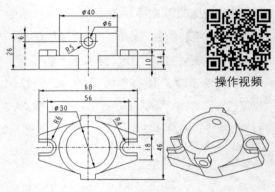
操作视频

图3-87　零件图纸

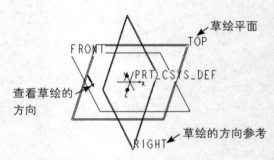

图3-88　草绘平面选取

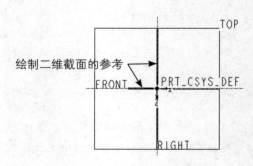

图3-89　绘制截面的参考

（2）单击按钮，在出现的拉伸操控板中单击【放置】菜单，单击定义...按钮，弹出"草绘"对话框。选择TOP作为草绘平面，系统自

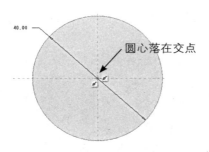

图3-90　草绘截面

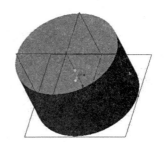

图3-91　创建的拉伸特征

动选择RIGHT作为向"右"的参考，见图3-92。

（3）单击中键激活草绘环境，系统自动选择图3-93所示的RIGHT和FRONT基准平面作为绘制二维截面的参考。

（4）绘制图3-94所示的截面，并修改尺寸。

（5）完成草绘，继续下一步设置。

（6）选择拉伸为实体，输入拉伸长度为10。调整拉伸方向沿Y轴正方向。

（7）完成拉伸特征创建，创建的实体见图3-95。

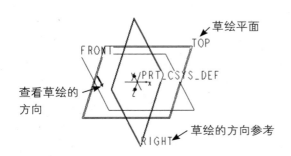

图3-92　草绘平面选取

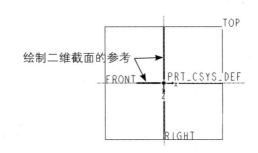

图3-93　绘制截面的参考

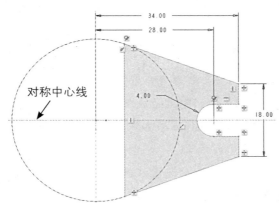

图3-94　草绘截面

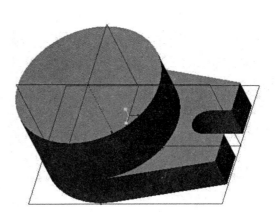

图3-95　创建的拉伸特征

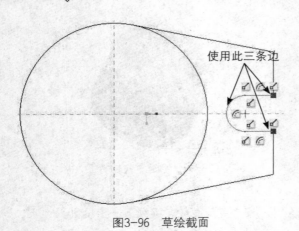

使用此三条边

图3-96 草绘截面

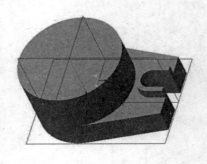

图3-97 创建的拉伸特征

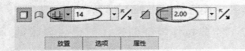

图3-98 拉伸参数设置

步骤4 创建第三个拉伸特征

（1）创建凸缘。单击 按钮，在出现的拉伸操控板中单击【放置】菜单，单击 定义... 按钮，弹出"草绘"对话框。选择TOP作为草绘平面，系统自动选择RIGHT作为向"右"的参考。

（2）单击中键激活草绘环境，系统自动选择RIGHT和FRONT基准平面作为绘制二维截面的参考。

（3）用 投影 命令，使用图3-96所示的实体边。

（4）完成草绘，继续下一步设置。

（5）在拉伸操控板中，选择拉伸为实体，输入拉伸长度为14。选中拉伸为薄壁选项，壁厚为2，如图3-98所示。调整拉伸方向沿Y轴正方向。

（6）完成拉伸特征创建，创建的实体见图3-97。

步骤5 创建第四个拉伸特征

（1）创建顶部凸台。单击 按钮，在出现的拉伸操控板中单击【放置】菜单，单击

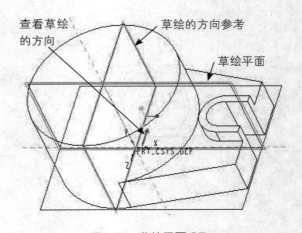

查看草绘的方向

草绘的方向参考

草绘平面

图3-99 草绘平面选取

定义... 按钮，弹出"草绘"对话框。选择FRONT作为草绘平面，系统自动选择RIGHT作为向"右"的参考，见图3-99。

（2）单击中键激活草绘环境，系统自动选择RIGHT和TOP基准平面作为绘制二维截面的参考。

（3）单击 按钮，参考对话框出现，添加图3-100所示的几何作为绘图参考，单击关闭(C) 按钮完成参考选取。

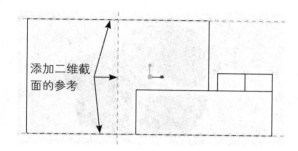

图3-100　绘制截面的参考

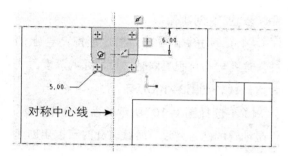

图3-101　草绘截面

（4）绘制图3-101所示的二维截面。

（5）完成草绘，继续下一步设置。

（6）在拉伸操控板中，选择拉伸为实体，拉伸方向为双向拉伸，输入拉伸长度为46，如图3-103所示。

（7）完成拉伸特征创建，创建的实体见图3-102。

步骤6　创建拉伸移除材料特征

（1）这一步创建ϕ30圆孔。单击按钮，创建拉伸特征。

（2）单击按钮，在出现的拉伸操控板中单击【放置】菜单，单击 定义... 按钮，弹出"草绘"对话框。选择TOP作为草绘平面，系统自动选择RIGHT作为向"右"的参考。

（3）单击中键激活草绘环境，系统自动选择RIGHT和FRONT基准平面作为绘制二维截面的参考。

（4）用 ◎ 同心 绘制图3-104所示的截面，并修改尺寸。

（5）完成草绘，继续下一步设置。

（6）选择拉伸为实体；设置拉伸长度 ，贯穿所有实体；拉伸方式为 移除材料。调整拉伸方向沿Y轴正方向。

（7）完成拉伸特征创建，创建的实体见图3-105。

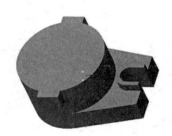

图3-102　创建的拉伸特征

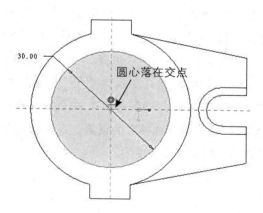

图3-104　草绘截面

图3-103　拉伸参数设置

步骤7 创建孔

（1）单击▣孔按钮，创建顶部凸台上的孔。这孔与凸台圆弧同轴。设置孔的深度方式为贯通▣，如图3-106所示。

（2）选择图3-107所示的面为打孔平面，但是创建的凸台并没有轴线，此时可以用创建轴命令创建该圆柱面的轴线。

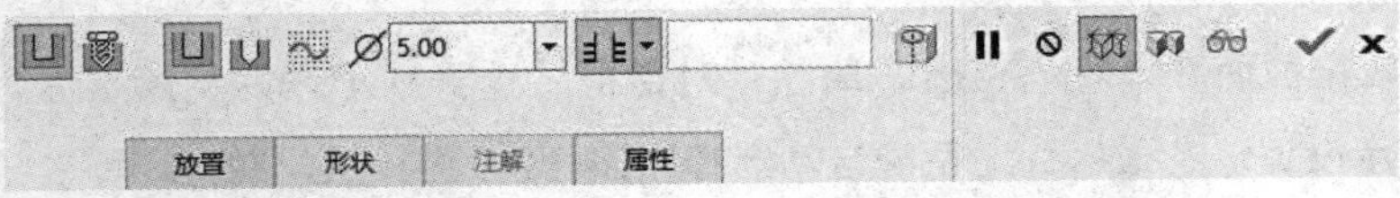

图3-105 创建的拉伸特征

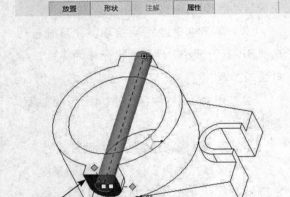

图3-106 创建孔操控板

图3-107 选取打孔的要素

打孔平面

创建的轴线

选择此圆柱面

图3-108 创建轴

（3）单击▥基准按钮组，单击▱按钮，选择图3-108所示圆柱面——为该圆柱面创建轴线，单击▢确定完成轴线创建。

（4）这时创建孔工具会处于"暂停"模式——所有功能都不可用，单击▶按钮退出"暂停"模式继续孔参数的设置。系统已经自动选中了刚刚创建的轴线。

（5）单击中键完成孔特征创建。

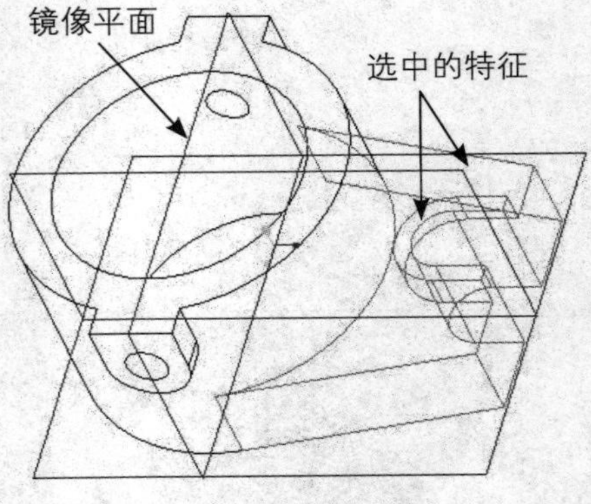

步骤8 镜像底部特征

（1）选择图3-109所示的特征：在模型树中按着"Ctrl"键多选或者按着"Shift"键连选；也可以直接在绘图区按着"Ctrl"键选择

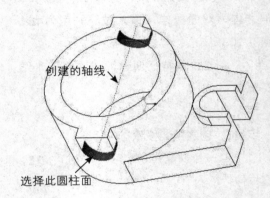

镜像平面

选中的特征

图3-109 选取要镜像的特征

特征上的几何。

（2）单击镜像按钮▥镜像，此时系统提示选择"镜像平面"，选择RIGHT基准平面。

此处出现多余材料

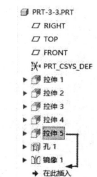

图3-110　镜像完成　　　　图3-111　更改特征顺序　　　　图3-112　完成的模型

（3）单击中键完成特征镜像，见图3-110。

（4）在模型树中选中30拉伸特征，按图3-111所示，拉到镜像特征之后，模型即可发生改变，完成的模型见图3-112。

3.7　实例四

此实例将完成图3-113所示零件的建模。此例的零件仍以拉伸特征为主，继续学习拉伸建模的用法。进一步演示划分基础特征的要点及特征创建的先后顺序。此零件可以通过不同方向、不同草绘平面的数次拉伸创建，然后再利用孔工具创建零件的孔。

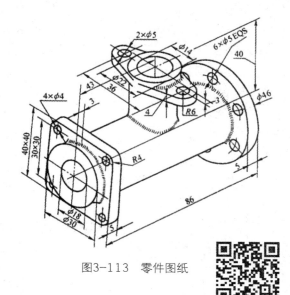

图3-113　零件图纸

操作视频

步骤1　新建零件

（1）单击□按钮，进入"新建"对话框。

（2）接受缺省设置，输入文件名称"prt-3-4"，单击"确定"，进入零件设计环境。

步骤2　创建第一个拉伸特征

（1）首先创建直径φ50的圆柱体。单击▤按钮，在出现的拉伸操控板中单击【放置】

菜单，单击 定义... 按钮，弹出"草绘"对话框。选择FRONT作为草绘平面，系统自动选择RIGHT作为向"右"的参考，见图3-114。

（2）单击中键激活草绘环境，系统自动选择图3-115所示的RIGHT和FRONT基准平面作为绘制二维截面的参考。

（3）绘制图3-116所示的截面，Creo自动标注必要的尺寸，修改尺寸值如图3-116所示。

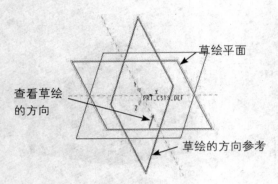

图3-114 草绘平面选取

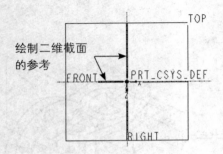

图3-115 绘制截面的参考

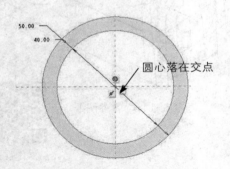

图3-116 草绘截面

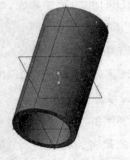

图3-117 创建的拉伸特征

（4）完成草绘，继续下一步设置。

（5）在拉伸操控板中，选择拉伸为实体，拉伸方向为对称值 ，输入拉伸长度为100。调整拉伸方向沿Z轴正方向。

（6）完成拉伸特征创建，创建的实体见图3-117。

步骤3 创建圆法兰

（1）单击 按钮，创建拉伸特征。

（2）在出现的拉伸操控板中单击【放置】菜单，单击 定义... 按钮，弹出"草绘"对话框。但是没有合适的草绘平面可用，此时可以用创建基准平面命令创建用作草绘平面的基准平面。

（3）单击 基准 按钮组，单击 按钮，选择图3-118所示平面，在"基准平面"对话框中输入平移距离5，见图3-119，单击 确定 完成基准平面创建。

图3-118 选择参考创建基准平面

图3-119 基准平面参数设置

（4）系统自动选择上一步创建的基准平面DTM1为草绘平面，以RIGHT基准平面为方向参考，见图3-121。单击中键激活草绘环境。

（5）绘制图3-122所示的截面，并修改尺寸。

（6）完成草绘，继续下一步设置。

（7）选择拉伸为实体，输入拉伸长度为10。调整拉伸方向沿Z轴正方向。

（8）完成拉伸特征创建，创建的实体见图3-123。

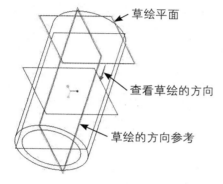

图3-120　草绘平面选取

图3-121　绘制截面的参考

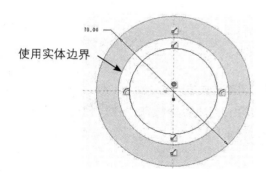

图3-122　草绘截面

图3-123　创建的拉伸特征

步骤4　创建方法兰

（1）单击 按钮，创建拉伸特征。

（2）在出现的拉伸操控板中单击【放置】菜单，单击 定义... 按钮，弹出"草绘"对话框。但是没有合适的草绘平面可用，此时可以用创建基准平面命令创建用作草绘平面的基准平面。

（3）单击 基准 按钮组，单击 口 按钮，选择图3-124所示平面，在"基准平面"对话框中

输入平移距离5，如果发现创建的基准平面偏移方向不对，输入"负的"偏移值即可变换偏移方向，见图3-125，单击 确定 完成基准平面创建。

（4）系统自动选择上一步创建的基准平面DTM1为草绘平面，以RIGHT基准平面为方向参考，见图3-126。单击中键激活草绘环境。

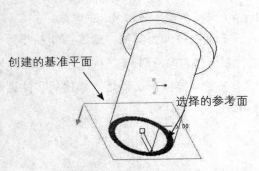

图3-124　选择参考创建基准平面

图3-125　基准平面参数设置

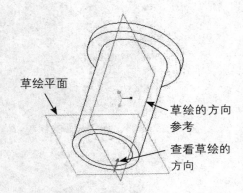

图3-126　草绘平面选取

图3-127　绘制截面的参考

（5）绘制图3-128所示的截面，并修改尺寸。

（6）完成草绘，继续下一步设置。

（7）选择拉伸为实体，输入拉伸长度为10。调整拉伸方向沿Z轴负方向。

（8）完成拉伸特征创建，创建的实体见图3-129。

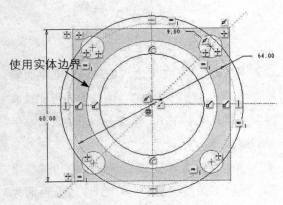

图3-128　草绘截面

图3-129　创建的拉伸特征

步骤5　创建支管

（1）单击 按钮，创建拉伸特征（图3-129）。

（2）在出现的拉伸操控板中单击【放置】菜单，单击 定义... 按钮，弹出"草绘"对话框。但是没有合适的草绘平面可用，此时可以用创建基准平面命令创建用作草绘平面的基准平面。

（3）单击 基准 按钮组，单击 按钮，选择图3-130所示平面，在"基准平面"对话框中输入平移距离5，如果发现创建的基准平面偏移方向不对，输入"负的"偏移值即可变换偏移方向，见图3-131，单击 确定 完成基准平面创建。

（4）系统自动选择上一步创建的基准平面DTM3为草绘平面，以RIGHT基准平面为方向参考。单击中键激活草绘环境。

（5）绘制图3-132所示的截面，并修改尺寸。

（6）完成草绘，继续下一步设置。

（7）选择拉伸为实体，选择拉伸深度方式为 ，拉伸到下一个面。调整拉伸方向沿Y轴负方向。

（8）完成拉伸特征创建，创建的实体见图3-133。

步骤6　创建支管法兰

（1）单击 按钮，创建拉伸特征。

（2）在出现的拉伸操控板中单击【放置】菜单，单击 定义... 按钮，弹出"草绘"对话框。但是没有合适的草绘平面可用，此时可以用创建基准平面命令创建用作草绘平面的基准平面。

（3）单击 基准 按钮组，单击 按钮，选择图3-134所示平面，在"基准平面"对话框中

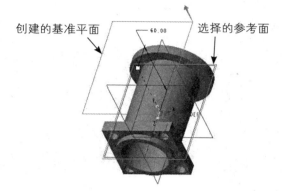

图3-130　选择参考创建基准平面

图3-131　基准平面参数设置

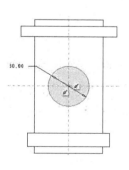

图3-132　草绘截面

图3-133　创建的拉伸特征

输入平移距离5，如果发现创建的基准平面偏移方向不对，输入"负的"偏移值即可变换偏移方向，见图3-135，单击 确定 完成基准平面创建。

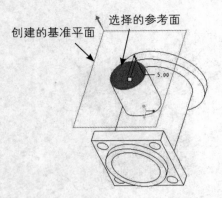

图3-134 选择参考创建基准平面

图3-135 基准平面参数设置

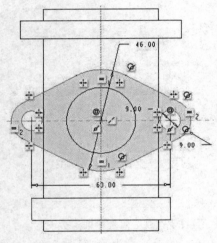

图3-136 草绘截面

图3-137 创建的拉伸特征

图3-137。

步骤7 创建支管中孔

（1）单击 孔 按钮，创建支管中孔。此孔与支管同轴。孔直径为φ24，设置孔的深度方式为拉伸到下一个面 ，见图3-138。

（2）选择图3-139所示的面为打孔平面，按着"Ctrl"键选择支管轴线。

（3）单击中键完成孔特征创建见图3-140。

（4）系统自动选择上一步创建的基准平面DTM4为草绘平面，以RIGHT基准平面为方向参考。单击中键激活草绘环境。

（5）绘制图3-136所示的截面，并修改尺寸。

（6）完成草绘，继续下一步设置。

（7）选择拉伸为实体，输入拉伸深度8。调整拉伸方向沿Y轴负方向。

（8）完成拉伸特征创建，创建的实体见

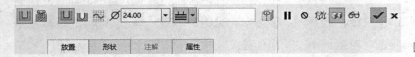

图3-138 创建孔操控板

图3-139　选取打孔的要素

图3-140　创建的孔

步骤8　创建圆法兰固定孔

（1）单击🔲孔按钮，创建圆法兰的固定孔。这6个孔在圆法兰上圆周均布。设置孔的直径为φ7，设置孔的深度方式为贯通🔲。

（2）选择图3-141所示的面为打孔平面。

（3）单击【放置】菜单，选择孔的放置类型为"直径"，激活偏移参考拾取框，按着"Ctrl"键选取图3-143所示的TOP基准平面和轴线，修改偏移角度和直径，如图3-142所示。

（4）单击中键完成孔特征创建。

步骤9　阵列圆法兰固定孔

（1）选择图3-144所示的孔特征，单击🔲命令。

（2）设置图3-146所示的阵列参数。

（3）选择图3-145所示的轴线。

（4）单击中键，完成的模型见图3-147、图3-148。

步骤10　倒圆角

（1）单击🔲倒圆角按钮，创建倒圆角特征，设置倒圆角半径为1。

（2）按着"Ctrl"键选择图3-149所示圆角的边。

（3）单击中键完成倒圆角。

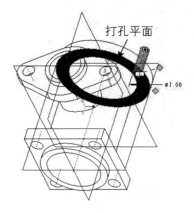

图3-141　选取打孔平面

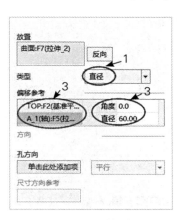

图3-142　打孔参数设置

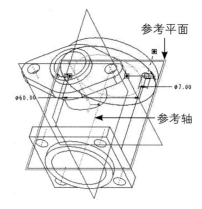

图3-143　选择打孔参考

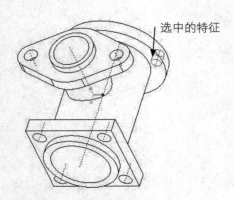

图3-144　选取要阵列的特征

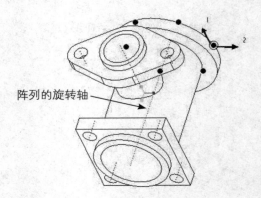

图3-145　选取阵列轴线

图3-146　阵列操控板

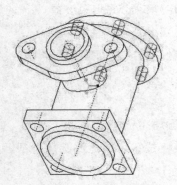

图3-147　阵列完成的模型

图3-148　阵列完成的模型（实体）

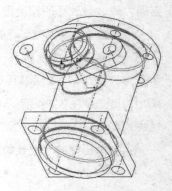

图3-149　选取倒圆角的边

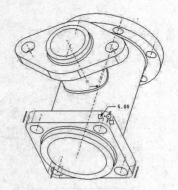

图3-150　选取倒圆角的边

图3-151　完成的模型

（4）再次单击 倒圆角 按钮，创建R6的倒圆角。

（5）按着"Ctrl"键选择图3-150所示的边。

（6）单击中键完成倒圆角，完成的模型见图3-151。

3.8 实例五

此实例将完成图3-152所示零件的绘制。通过此例学习Creo拉伸曲面的创建及曲面的基本用法，并学习壳工具、创建基准点、曲面合并、曲面实体化的基本用法。

该零件是经过简化的照相机外壳模型，在建模之前首先要对零件进行详细分析。按照前面讲述的分析要领，去掉容易创建的特征（比如零件右侧20×10的矩形孔），剔除可以用专用工具创建的壳和倒圆角，模型的形状将如图3-153所示。此时可以识别出上面的圆柱体和前面的凸台均可以用拉伸的方法创建，再将其剔除，同时剔除倒圆角，模型将如图3-154所示。结合图3-152所示的二维图纸可以发现零件这一部分的俯视图和左视图符合拉伸特征的

规则。实际上，模型的这一部分是从俯视图和左视图的截面分别拉伸，取其"交集"。这里需要用到一种新的几何——曲面，以俯视图和左视图的截面分别拉伸曲面，求其交集即可。有了思路，就有了方向，接下来将其付诸实践。当然，前面的分析过程需要在熟练掌握Creo建模方法的前提下进行，简单的零件在头脑中就可以清楚的理清思路，复杂的零件可能仅有大致的思路，具体的细节还需要在建模过程中完善。

步骤1 新建零件

以公制模板新建零件，输入文件名称"prt-3-5"，进入零件设计环境。

操作视频

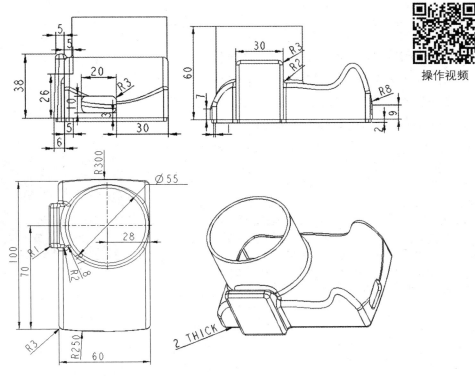

图3-152 零件图纸

图3-153 建模思路一

图3-154 建模思路二

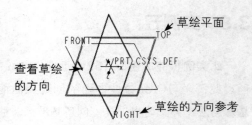
图3-155 草绘平面选取

步骤2 创建第一个拉伸特征

（1）首先以俯视图的截面拉伸曲面。单击  按钮，出现拉伸操控板。

（2）单击【放置】菜单，单击 定义... 按钮，弹出"草绘"对话框。选择TOP作为草绘平面，系统自动选择RIGHT作为向"右"的参考，见图3-155。

（3）单击中键激活草绘环境，系统自动选择图3-156所示的RIGHT和FRONT基准平面作为绘制二维截面的参考。

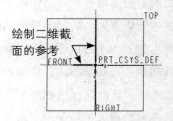
图3-156 绘制截面的参考

（4）绘制图3-157所示的截面，Creo自动标注必要的尺寸，修改尺寸值。

（5）完成草绘，继续下一步设置。

（6）在拉伸操控板中，单击 选择拉伸为曲面，选择拉伸"长度控制"方式为 ——输入拉伸长度，输入拉伸长度为50，见图3-159。使拉伸方向沿Y轴正方向。

（7）完成拉伸特征创建，创建的曲面见图3-158。

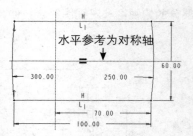
图3-157 草绘截面

> 🔆 在当前的配色方案下，在线框模式，实体的棱边显示为白色；曲面的边界显示为黄色，内部棱边显示为紫色（对于完全封闭的曲面只有紫色的内部棱边，没有黄色边界。这也是判断曲面是否封闭的方法）。

图3-158 创建的拉伸特征

放置　选项　属性

图3-159 拉伸操控板

步骤3　创建基准点

（1）为了定位第二个拉伸曲面，创建两个基准点。单击 ■ 按钮，创建基准点。选择FRONT基准平面和图3-160所示边——意义为求其交点。

（2）在图3-161所示的"基准点"对话框中单击【新点】，选择FRONT基准平面和图3-162所示边求其交点。 ■ 按钮为基准点的显示隐藏开关。

步骤4　创建第二个拉伸特征

（1）这一步以左视图的截面创建拉伸曲面。单击 ■ 按钮，创建拉伸特征。

（2）单击【放置】菜单，单击 定义... 按钮，弹出"草绘"对话框。单击 ■ 按钮以线框模式显示模型。如果基准平面没有显示出来，单击 ■ 显示基准平面。选择FRONT作为草绘平面，系统自动选择RIGHT作为向"右"的参考。

（3）单击 草绘 按钮或单击中键激活草绘环境，系统自动选择RIGHT和TOP基准平面作为绘制二维截面的参考。单击参考按钮 ■ ，弹出"参考"对话框，见图3-163。选择上一步创建的基准点作为草绘参考。单击"关闭"完成草绘参考选取。

（4）绘制图3-164所示的截面（左右侧绘制的竖直中心线经过参考点），并修改尺寸。注意截面要构成封闭的环。

读者也可以导入作者准备好的截面曲线。在草绘环境中，单击 ■ 文件系统 按钮，在弹出的"打开"对话框中指向资源文件夹的"camera.sec"文件，导入该文件的数据。在绘图区单击左键，放置导入的数据。在"导入截面"操控板中输入缩放比例"1"。然后以图3-165所

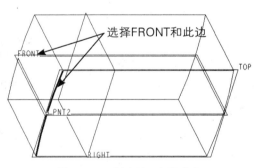

图3-160　创建第1个基准点

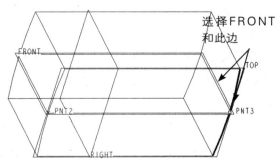

图3-162　创建第2个基准点

图3-161　基准点对话框

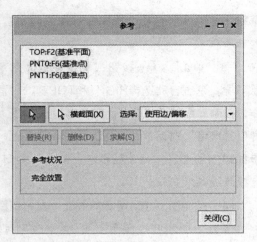

图3-163　选择草绘参考

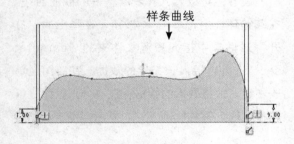

图3-164　草绘截面

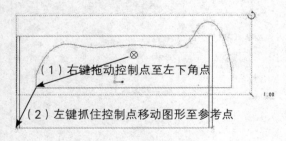

图3-165　草绘截面

示的步骤放置导入的图形：首先右键拖动"移动控制点"至左下角点（会自动捕捉）；然后左键抓住"移动控制点"移动图形至图示参考点（控制点捕捉到草绘参考上）。

💡 样条曲线的右端点需要约束到右侧竖直线的端点上。

（5）单击✓按钮完成草绘，继续下一步设置。

（6）单击◻按钮选择拉伸为曲面，选择拉伸"长度控制"方式为对称拉伸⊞，输入拉伸长度为75。

注：拉伸长度大于零件主体宽度60即可。

（7）单击✓按钮完成拉伸特征创建，着色模型，按下"Ctrl+D"键以标准方向显示模型，创建的曲面见图3-166。

步骤5　合并曲面

曲面合并类似于曲线的相互裁剪功能，曲面合并工具仅对两个面组（面组指的是单个曲面特征，或经过合并的多个曲面）操作，可以对两个面组或其中之一进行裁剪，然后将两者合并为一个面组。

（1）选择前面创建的两张曲面，单击曲面合并按钮 ⊘合并。单击曲面合并操控板的⟋按钮或单击绘图区曲面上的箭头可以反转对应曲面的保留区域，见图3-167和图3-168。

（2）单击✓完成曲面合并，结果见图3-169。

步骤6　曲面实体化

选择前面完成的面组，单击 ⊘实体化按钮，其操控板见图3-170。单击✓按钮或单击中键完成曲面实体化。前面合并完成的封闭面组转换为实体。

注：实体化命令还有其他的一些用法，以后逐渐讲解。

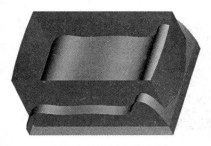

图3-166　创建的曲面

图3-167　曲面合并操控板

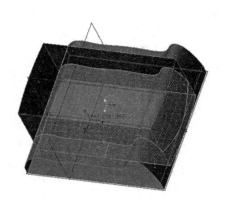

图3-168　合并曲面

图3-169　合并完成的曲面

步骤7　倒圆角

（1）单击 倒圆角 按钮，创建倒圆角特征，在倒圆角操控板中输入倒圆角半径8。

（2）按着"Ctrl"键选择图3-171所示的边。

（3）单击中键完成倒圆角，见图3-172。

（4）单击 倒圆角 按钮，创建倒圆角特征，倒圆角操控板中输入倒圆角半径3。

（5）按着"Ctrl"键选择图3-173所示的边。

（6）单击中键完成倒圆角，见图3-174。

步骤8　用拉伸的方法创建圆柱体

（1）单击 按钮，单击【放置】菜单，单击 定义... 按钮，弹出"草绘"对话框，见图3-175。选择TOP作为草绘平面，选择RIGHT

作为向"右"的参考，见图3-176。

（2）单击中键激活草绘环境，系统自动选择RIGHT和FRONT基准平面作为绘制二维截面的参考。

（3）绘制图3-177所示的截面，标注尺寸，修改尺寸值。

（4）单击 完成草绘，继续下一步设置。

（5）在拉伸操控板中，单击 选择拉伸为实体，选择拉伸"长度控制"方式为 输入拉伸长度，输入拉伸长度为60。调节拉伸方向，使拉伸方向沿Y轴正方向。

（6）单击 完成拉伸特征创建，创建的特征见图3-178。

步骤9　创建圆柱体前面的凸台

（1）单击 拉伸 按钮，单击【放置】菜单，

☐将封闭的面组转换为实体
☑用面组裁剪实体
☐用一个面组替换另一面组的局部区域
☒更改操作方向

图3-170　实体化操控板

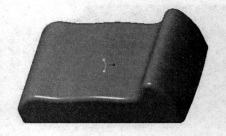

图3-174　完成倒圆角

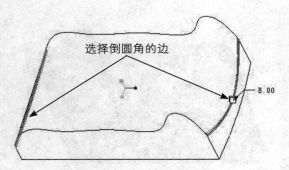

图3-171　选取倒圆角边

图3-175　草绘对话框

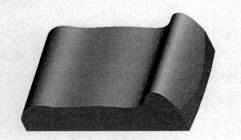

图3-172　完成倒圆角

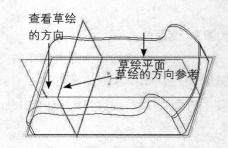

图3-176　草绘平面选取

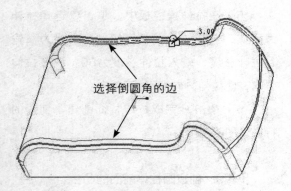

图3-173　选取倒圆角边

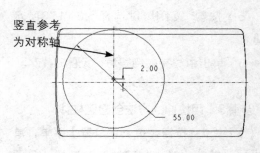

图3-177　草绘截面

单击 定义... 按钮，弹出"草绘"对话框。选择RIGHT作为草绘平面，选择TOP作为向"右"的参考。

（2）单击中键激活草绘环境，系统自动选择TOP和FRONT基准平面作为绘制二维截面的参考。单击参考按钮 ，添加图3-179所示的草绘参考。

（3）绘制图3-180所示的截面，标注尺寸，修改尺寸值。

（4）单击 完成草绘，继续下一步设置。

（5）在拉伸操控板中，单击 选择拉伸为实体，选择拉伸"长度控制"方式为双向拉伸 ，输入拉伸长度为30。

（6）单击 完成拉伸特征创建，创建的特征见图3-181。

步骤10　倒圆角

（1）单击 倒圆角 按钮，创建倒圆角特征，

在倒圆角操控板中输入倒圆角半径1.8。

（2）按着"Ctrl"键选择图3-182所示的边。

（3）单击中键完成倒圆角，见图3-183。

（4）单击 倒圆角 按钮，创建倒圆角特征，在倒圆角操控板中输入倒圆角半径3。

（5）按着"Ctrl"键选择图3-184所示的边。单击中键完成倒圆角，见图3-185。

（6）单击 倒圆角 按钮，创建倒圆角特征，在倒圆角操控板中输入倒圆角半径2。

（7）按着"Ctrl"键选择图3-186所示的边。系统会自动搜索相切边，一起倒圆角。

（8）单击中键完成倒圆角，见图3-187。

（9）单击 倒圆角 按钮，创建倒圆角特征，倒圆角操控板中输入倒圆角半径2。

（10）按着"Ctrl"键选择图3-188所示的边。系统会自动搜索相切边，一起倒圆角。

（11）单击中键完成倒圆角，见图3-189。

图3-178　创建的拉伸特征

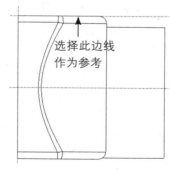

图3-179　草绘截面

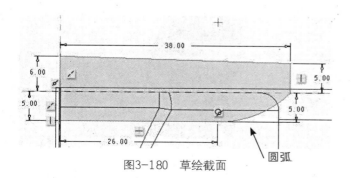

图3-180　草绘截面

图3-181　创建的拉伸特征

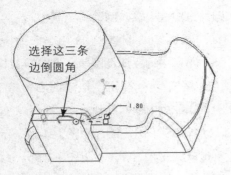

图3-182　选择倒圆角边

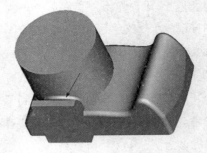

图3-183　完成倒圆角

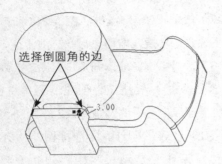

图3-184　选择倒圆角边

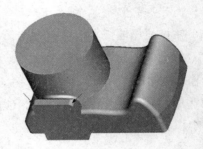

图3-185　完成倒圆角

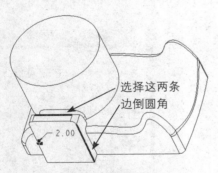

图3-186　选择倒圆角边

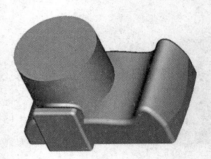

图3-187　完成倒圆角

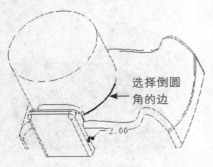

图3-188　选择倒圆角边

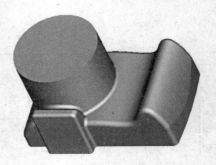

图3-189　完成倒圆角

步骤11 抽壳

单击抽壳按钮 █壳，在抽壳操控板中输入壳厚2。选择图3-191所示的表面为开口面。单击中键完成命令，完成的实体见图3-192。

> 💡 Creo的抽壳命令针对整个零件进行操作，不能对零件的局部或特征进行操作。抽壳命令的详细用法后面举例详细说明。

步骤12 创建凸缘

（1）单击拉伸按钮 █拉伸，单击【放置】菜单，单击 定义... 按钮，弹出"草绘"对话框。选择TOP作为草绘平面，选择RIGHT作为向"右"的参考。单击绘图区查看草绘的方向，使其如图3-193所示。

（2）单击 草绘 按钮或单击中键激活草绘环境，系统自动选择RIGHT和FRONT基准平面作为绘制二维截面的参考。

（3）单击使用边命令 █投影，在弹出的"类型"对话框中选中"环"，选择图3-194右图所示的表面，在弹出的菜单管理器中选择【上一个】或【下一个】，当需要的环加亮时，单击【接受】，选中的边线见图3-195。

（4）完成草绘，继续下一步设置。

（5）在拉伸操控板中，单击 █ 选择拉伸为实体；选择拉伸"长度控制"方式为输入拉伸长度 █，输入拉伸长度2；单击加厚草绘 █，输入加厚值1；单击 █ 更改加厚方向，使加厚方向朝向轮廓外，见图3-197。

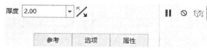

厚度：抽壳的厚度
█ 更改抽壳的方向，可以是内侧、外侧或双侧

图3-190 实体化操控板

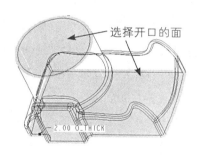

图3-191 选择开口的面

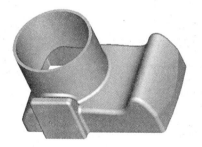

图3-192 完成抽壳的模型

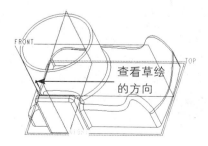

图3-193 草绘平面

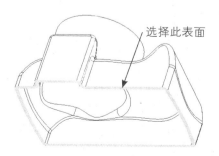

图3-194 使用边

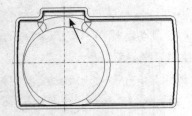

图3-195　选中的环

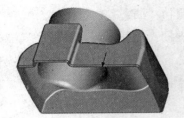

图3-196　偏距边

图3-197　实体化操控板

（6）单击☑完成拉伸特征创建，创建的特征见图3-196。

步骤13　创建侧面20×10的矩形孔

（1）单击拉伸按钮，单击【放置】菜单，单击定义...按钮，弹出"草绘"对话框。

（2）选择RIGHT作为草绘平面，选择TOP作为向"上"的参考。

（3）单击中键激活草绘环境，系统自动选择TOP和FRONT基准平面作为绘制二维截面的参考。

（4）绘制图3-198所示的截面。单击☑完成草绘，继续下一步设置。

（5）在拉伸操控板中，单击☐选择拉伸为实体，单击☑选择切除材料，选择拉伸"长度控制"方式为拉伸至下一表面───当拉伸截面完全穿出下一表面时，拉伸停止。

（6）单击☑完成拉伸特征创建，最终完成的零件见图3-199。

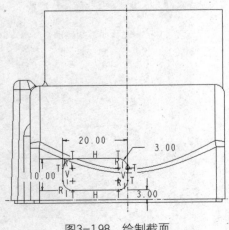

图3-198　绘制截面

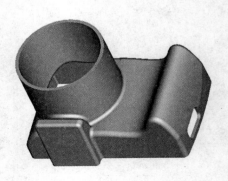

图3-199　完成的模型

3.9 实例六

此实例将完成图3-200所示零件的建模。通过此例进一步学习特征的识别和划分及其草绘平面的选择或创建。建模流程见图3-201。

步骤1 新建零件

以公制模板新建零件，输入文件名称"prt-3-6"，进入零件设计环境。

步骤2 创建拉伸增料特征

（1）单击拉伸按钮 ，出现拉伸操控板。单击 选择拉伸为实体，选择"拉伸长度"控制方式为 ——对称拉伸，输入拉伸长度为56。

（2）单击【放置】菜单，单击 定义... 按钮，弹出"草绘"对话框。选择FRONT作为草绘平面，选择RIGHT作为向"右"的参考。

（3）单击中键激活草绘环境，系统自动选择RIGHT和TOP基准平面作为绘制二维截面的参考。

（4）绘制图3-202所示的截面，标注图示尺寸，并修改尺寸值。

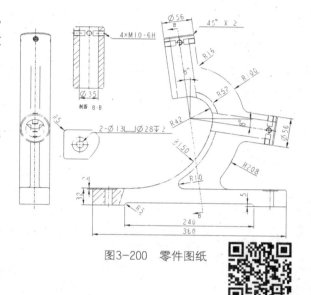

图3-200 零件图纸

操作视频

（5）单击 完成草绘，继续下一步设置。单击 完成拉伸特征创建，创建的实体见图3-203。

步骤3 倒圆角

（1）单击倒圆角按钮 倒圆角 ，创建倒圆角特征。

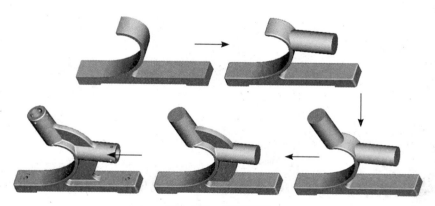

图3-201 建模流程

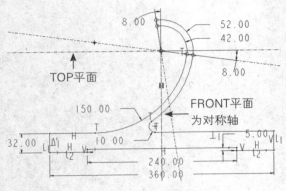

图3-202 草绘截面

图3-203 创建的特征

（2）对图3-204所示加粗的边倒R5圆角。

（3）对图3-205所示加粗的边倒R3圆角。

（4）倒圆角后的模型见图3-206。

步骤4 创建模型中部的圆柱体

（1）这一步要创建的特征见图3-207。用拉伸的方法容易满足要求，故该特征用拉伸的方法创建，接下来需要创建拉伸的草绘平面。

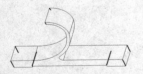

图3-204 倒圆角的边

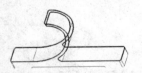

图3-205 倒圆角的边

图3-206 完成的特征

图3-207 本步骤预览

（2）单击 创建基准轴，选择FRONT和TOP面以其交线创建轴。如果基准平面没有显示出来，单击 显示基准平面。

（3）单击 创建基准平面，选择上一步创建的轴线和TOP平面，输入角度98，见图3-208。如果基准轴没有显示出来，单击 显示基准轴。

（4）单击 创建草绘平面，选择上一步创建的基准平面DTM1，输入平移距离160，见图3-209。

（5）单击拉伸按钮 ，创建拉伸特征。

（6）单击【放置】菜单，单击 按钮，弹出"草绘"对话框。选择前面创建的DTM2为草绘平面，选择FRONT为向"左"的参考，见图3-210。

（7）单击中键激活草绘环境。选择FRONT基准平面和之前创建的轴A_1作为绘制二维截面的参考。

（8）绘制图3-211所示的圆截面。完成草绘，继续下一步设置。

（9）单击 选择拉伸为实体，选择"拉伸长度"控制方式为 ——拉伸到下一个曲面。单击 可以反转拉伸方向，使拉伸方向向左。

（10）单击 完成拉伸特征创建，单击 按钮着色模型，创建的实体见图3-212。

步骤5 创建模型顶部的圆柱体

（1）该圆柱体也用拉伸的方法创建，见图3-213。接下来需要创建拉伸的草绘平面。

（2）单击 创建基准平面，选择上一步A_1轴线和RIGHT平面，输入角度82，见图3-214。

（3）单击 创建草绘平面，选择上一步创建的基准平面DTM3，输入平移距离160，见图3-215。

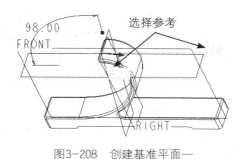

图3-208 创建基准平面一

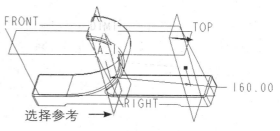

图3-209 创建基准平面二

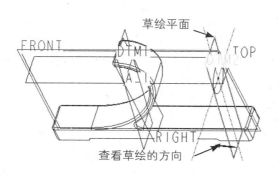

图3-210 选择草绘平面

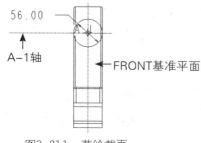

图3-211 草绘截面

图3-212 创建的特征

图3-213 本步骤预览

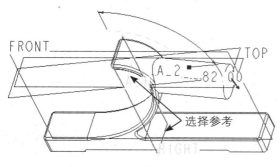

图3-214 创建基准平面

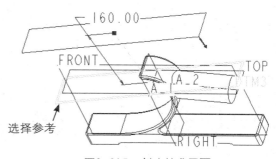

图3-215 创建基准平面

（4）单击⊡按钮，创建拉伸特征。

（5）单击【放置】菜单，单击 定义... 按钮，弹出"草绘"对话框。选择前面创建的DTM4为草绘平面，选择FRONT为向"下"的参考，见图3-216。

（6）单击中键激活草绘环境。选择FRONT基准平面和之前创建的轴A_1作为绘制二维截面的参考。

（7）绘制图3-217所示的圆截面。单击✔完成草绘，继续下一步设置。

（8）单击⊡选择拉伸为实体，选择"拉伸长度"控制方式为⊥──拉伸到选定的面、线、点，选择图3-218所示的边线。单击%可以反转拉伸方向，使拉伸方向向下。

（9）单击✔完成拉伸特征创建，单击⊡按钮着色模型，创建的实体见图3-219。

步骤6　倒圆角

（1）单击倒圆角按钮◎，创建倒圆角特征。

（2）对图3-220所示加粗的边倒R3圆角。

（3）对图3-221所示加粗的边倒R3圆角。

步骤7　创建矩形块和圆柱体之间的加强板

（1）在模型树选中DTM1~DTM4，单击隐藏按钮👁，将其隐藏。

（2）单击拉伸按钮⊡，创建拉伸特征。

（3）单击【放置】菜单，单击"定义"按钮，弹出"草绘"对话框。选择FRONT作为草绘平面，系统自动选择RIGHT为向"右"的方向参考。

（4）单击中键激活草绘环境。

（5）以同心圆弧命令◎、使用边命令◎、偏距边命令◎绘制图3-222所示的截面。注意：截面必须构成封闭的环。

（6）单击✔完成草绘，继续下一步设置。

（7）单击⊡选择拉伸为实体，选择"拉伸长度"控制方式为⊞──对称拉伸，输入

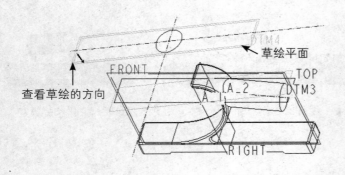

图3-216　选择草绘平面

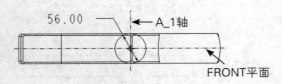

图3-217　草绘截面

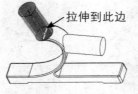

图3-218　拉伸到此边

图3-219　创建的特征

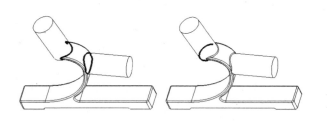 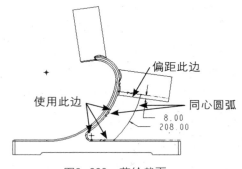

图3-220　倒圆角的边　　图3-221　倒圆角的边　　　　图3-222　草绘截面

拉伸长度为16。单击✅完成拉伸特征创建。

步骤8　创建两个圆柱体之间的加强板

（1）用"筋"工具创建两个圆柱体之间的加强板。单击轮廓筋命令按钮 ，单击【参考】展开下拉面板，选择"定义"创建筋的截面。

（2）单击 使用先前的，使用之前使用过的草绘平面和参考。进入草绘环境后以同心圆弧命令绘制图3-223所示截面，并使圆弧的端点落在两个圆柱体的侧面投影线上。

> 注意：筋的截面必须是开放的。与拉伸工具对截面的要求不同。

（3）单击✅完成草绘，继续筋的参数设置。

（4）输入筋的厚度16，使筋创建的材料对称的分布在草绘平面的两侧，单击 按钮

可以对材料的方向进行切换。增加材料范围的方向见图3-224。

（5）单击✅完成拉伸特征创建。完成的特征见图3-225。

步骤9　创建孔

（1）单击 按钮，创建直径φ35的通孔（选择深度控制为穿过下一个），选择图3-226所示的参考。

（2）以图3-227所示的参考，再创建一个直径为φ35的通孔（选择深度控制为穿过下一个）。

（3）单击 按钮，创建底板上的沉头孔。单击 按钮创建预定义形状孔，单击 按钮以创建沉头孔，设置孔的深度方式为贯通。

（4）单击"孔"操控板的【形状】菜单，在弹出下滑面板中输入图3-228所示尺寸。

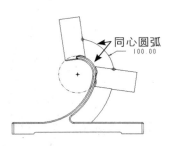 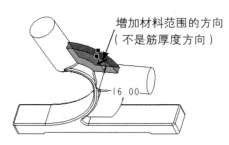 

图3-223　创建筋的截面　　　图3-224　增加材料范围的方向　　　图3-225　完成的特征

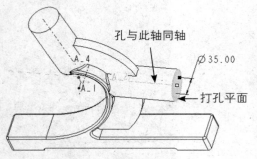

图3-226　选取孔的放置参考

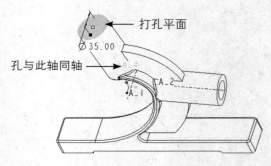

图3-227　选取孔的放置参考

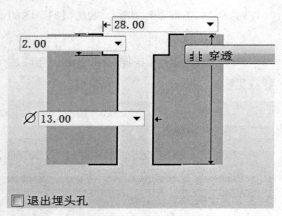

图3-228　形状下拉面板

（5）选择图3-229所示的打孔平面，放置类型为"线性"，其位置参考见图3-230。

（6）单击✓按钮完成孔特征。

（7）选择上一步创建的沉头孔：在模型树中选择沉头孔对应的特征——选择的时候绘图区的特征会加亮；也可以在绘图区直接选择沉头孔特征。

（8）单击镜像按钮〖〗，此时系统提示选择"镜像平面"，选择RIGHT基准平面。

（9）单击中键完成特征镜像，见图3-231。

步骤10　创建螺纹孔

（1）创建打孔平面，单击⬚创建基准平面，选择图3-232所示参考及设置。

（2）单击⟙按钮，创建螺纹孔。单击⬚按钮创建标准孔，选中⊕按钮以添加螺纹曲面，选择ISO系列的M10×1.5螺纹，设置孔的深度方式为穿过下一个⬚。

（3）选择前面创建的DTM5平面为打孔平面，放置类型为"线性"，其位置参考见图3-233。

（4）单击✓按钮完成孔特征。

（5）选中刚刚创建的螺纹孔，单击⬚按钮，复制该特征。单击选择性粘贴⬚按钮，弹出图3-234所示的"选择性粘贴"对话框，选择图示选项以"移动/旋转"特征。

（6）在"变换"操控板中，单击⬚按钮对特征进行旋转变换，如图3-235所示。

（7）选择图3-235所示的轴线，输入旋转角度254。单击✓完成特征变换。

（8）选择前面创建的螺纹孔，单击阵列按钮⬚，设置阵列方式为"轴"，见图3-237。选择图3-238所示轴线。

（9）输入阵列个数4，特征间夹角90°。单击中键完成阵列。

（10）以类似的方法阵列复制的螺纹孔，选择图3-239所示轴线，完成阵列的模型见图3-240。

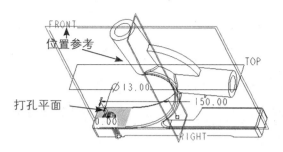

图3-229　选取打孔平面及位置参考

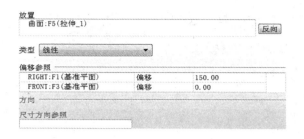

图3-230　放置面板

图3-231　完成的孔

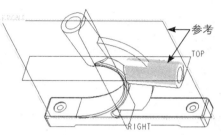

图3-232　选取参考及设置参考类型

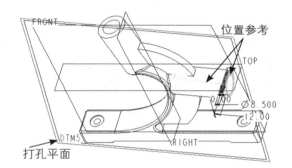

图3-233　选取打孔平面及位置参考及放置面板

图3-234　选择性粘贴对话框

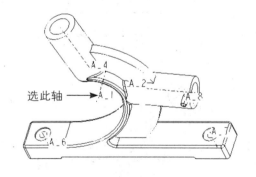

图3-235　选取旋转轴

步骤11　倒圆角

（1）对图3-241所示加粗的边倒R16的圆角。

（2）对图3-242所示加粗的边倒R3的圆角。

步骤12　倒角

用倒角工具对图3-243所示加粗的棱边倒2×45°的斜角。最终完成的模型见图3-244。

图3-236　变换操控板

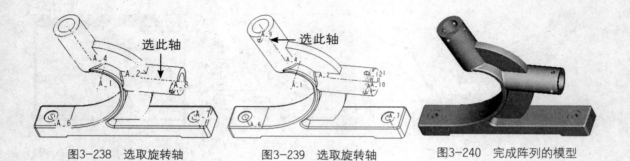

图3-237　阵列操控板

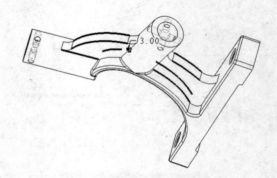

图3-238　选取旋转轴　　图3-239　选取旋转轴　　图3-240　完成阵列的模型

图3-241　倒圆角的边　　　　　　　　图3-242　倒圆角的边

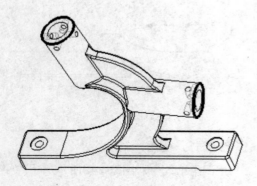

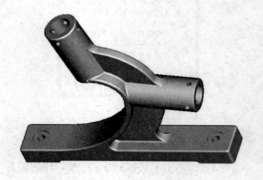

图3-243　倒角的边　　　　　　　　　图3-244　最终完成的零件

3.10 相关知识与命令总结

（1）拉伸工具。拉伸工具是Creo最基本也是最重要的建模工具。拉伸工具用一个截面沿着垂直于该截面的方向拖动增加材料、移除材料或者创建曲面和薄板。创建拉伸特征的要点是草绘平面的选择和拉伸截面的绘制。草绘平面是垂直拉伸方向的平面，可以是基准平面、平的实体表面或平的曲面。拉伸截面一般要求是封闭的、没有相交和重叠的一个或多个二维轮廓线，创建曲面和薄板时也允许开放的截面，如果开放截面的端点落在实体的边缘也可以用于拉伸增加材料或移除材料。

（2）倒角。对实体或曲面的棱边创建倒斜角，选择的边线会自动沿相切线扩展。

（3）倒圆角。对实体或曲面的棱边创建倒圆角，选择的边线会自动扩展相切的棱边。该命令可以创建普通圆角及可变半径圆角；可以直接创建实体圆角、也可以仅创建圆角曲面。如果建模允许，圆角最好安排在建模的最后做，降低对其他特征创建的影响。倒圆角时，先做增加材料的圆角，再做切除材料的圆角。倒圆角的顺序对其成败也有很大影响。

（4）孔工具操控板，见图3-245。利用孔工具 可以高效的创建简单的直孔、沉孔、埋头孔。可以输入孔的尺寸，也可以利用孔表的标准尺寸，用户还可以自行绘制孔的截面。创建孔的主要操作是确定孔的形状和位置。对于简单形状和标准形状的孔需要在【形状】下拉面板中输入相应的尺寸。

特殊截面的孔以"使用草绘定义钻孔轮廓" 的方式创建：进入孔工具，选择"使用草绘定义钻孔轮廓" 的方式，单击"激活草绘器以创建截面"按钮 ，见图3-246。

> 注意：孔的截面必须是一个封闭的轮廓，必须要有一条竖直的中心线（孔的轴线），并且孔的截面位于中心线的一侧。

完成截面后选择打孔平面，然后定位孔。孔的定位方式有四种：同轴、线性、径向、直径。

①轴：在选择打孔平面时，按着"Ctrl"键选择参考轴。

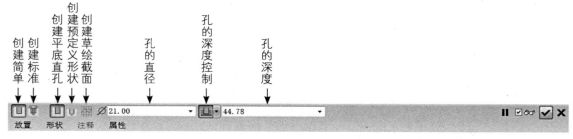

创建简单 | 创建标准 | 创建平底直孔 | 创建预定义形状 | 创建草绘截面 | 孔的直径 | 孔的深度控制 | 孔的深度

【放置】——定义打孔平面及位置
【形状】——定义孔的尺寸及深度
【注释】——定义标准孔的注释
【属性】——孔的名称及参数

图3-245 创建孔面板

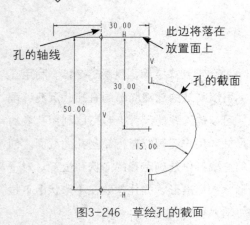

图3-246 草绘孔的截面

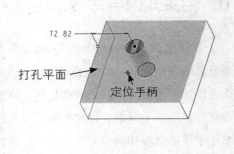

图3-247 线性定位孔

②线性：见图3-247，分别拖动两个定位手柄到用于定位的边、面上（两个定位参考不能互相平行）。

③半径：选择一条轴或边线，再选择一张平面。孔放置在以该轴为圆心，给定半径的圆周上，与选定的平面给定夹角的位置，见图3-248。

④直径：选择一条轴或边线，再选择一张平面。孔放置在以该轴为圆心，给定直径的圆周上，与选定的平面给定夹角的位置，见图3-249。

（5）拔模。在模具设计中，常常需要对平行开模方向的零件表面添加拔模斜度。Creo的拔模命令 专门用于该项工作。拔模操控板见图3-250。

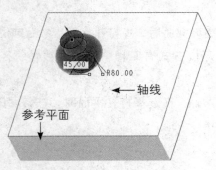

图3-248 径向定位孔

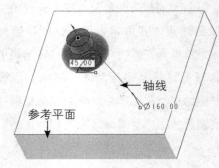

图3-249 直径定位孔

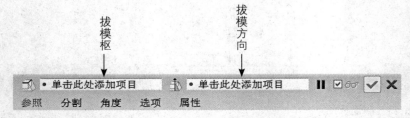

【角度】——收集拔模面、拔模枢轴、方向参考　　【分割】——对拔模面的拔模方向和角度进行分割
【角度】——定义拔模的角度　　　　　　　　　　　【选项】——设定相交和相切曲面的选项
【属性】——拔模特征的名称

图3-250 拔模操控板

拔模曲面选取：进入拔模工具后，系统自动激活"拔模曲面"收集框，见图3-251。选择要拔模的曲面。拔模曲面常用的选取方法——环曲面，见图3-253。

拔模枢轴选取：激活拔模枢轴收集框，选择拔模枢轴（即拔模时拔模曲面尺寸不变的位置）。拔模枢轴可以是平面（与拔模曲面垂直的平的实体表面或基准平面），见图3-254，拔模枢轴是平面时，系统会自动以其作为拔模的方向参考。拔模枢轴也可以是曲线，见图3-255，此时需要用户自己选择拔模的方向参考。

曲线链的选取方法，见图3-256。

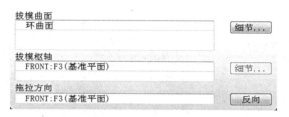

图3-251　参考下拉面板

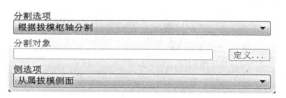

图3-252　分割下拉面板

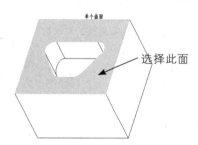

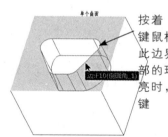

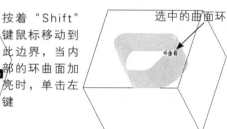

图3-253　环曲面选择

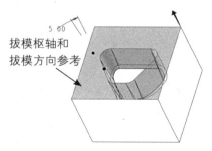

图3-254　拔模枢轴为平面

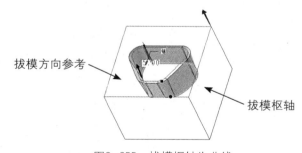

图3-255　拔模枢轴为曲线

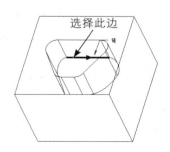

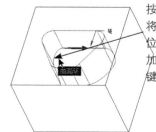

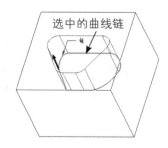

图3-256　曲线链选择

分割选项的应用：选择图3-257所示的拔模面和拔模枢轴，输入拔模角度10°。单击【分割】展开分割下拉面板，见图3-259，选择分割选项为"根据拔模枢轴分割"，设置的其他参数见图3-259。拔模的结果预览见图3-258。

可变角度拔模：选择图3-260所示的拔模面和拔模枢轴，输入拔模角度10°。单击【角度】展开角度下拉面板，见图3-261，在其中单击右键选择【添加角度】菜单，添加两个角度值，在绘图区将三个角度点分别移至图3-260所示位置。拔模结果见图3-262。

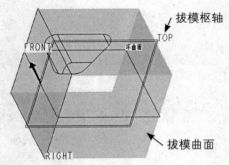

图3-257 选取拔模曲面及拔模枢轴

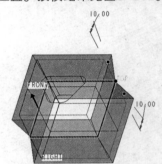

图3-258 拔模结果预览

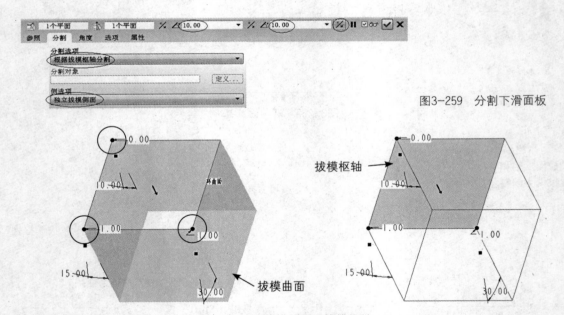

图3-259 分割下滑面板

图3-260 选取拔模曲面及拔模枢轴

#	角度1	参照	位置
1	10.00	点:边:F5(拉伸_1)	0.00
2	15.00	点:边:F5(拉伸_1)	1.00
3	30.00	点:边:F5(拉伸_1)	1.00

☑ 调整角度保持相切

图3-261 角度下滑面板

图3-262 拔模结果

（6）壳。把实体挖空，做成厚度均匀的薄壳。创建的过程中需要用户选择开口的面或非均匀厚度的面（如果需要）。

（7）筋。筋工具搜索其草绘平面与实体的交线，与用户绘制的截面一起构成增加材料的范围。不管实体的表面怎样变化，筋与实体相接触一侧都能很好地与目标实体结合起来（这也是不能用拉伸特征替代筋的原因）。筋的截面必须是开放的轮廓线，其端点落在实体的边线上。

（8）创建基准平面。单击 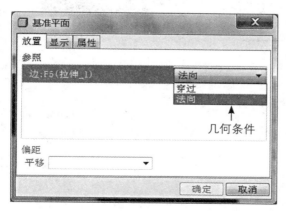创建新的基准平面，基准平面是常用的参考特征，多用作草绘平面、打孔平面等。所有能确定一张平面的几何条件都可以创建一个基准平面。Creo根据用户选择的参考，捕捉用户的意图，必要时，用户也可以自己选择几何条件，见图3-263。当用户选择的条件能确定一个基准平面，则 确定 按钮可用；如果用户添加的几何与之前选择的冲突或不可能确定基准平面，则不允许用户选择该几何。

确定基准平面的几何条件有：两条相交或平行直线；一个平面及一条与其平行的直线（穿过该线与平面成一定夹角，穿过该线与平面平行，穿过该线与平面垂直）；三个不在同一条直线上的点；过一个点平行于一个平面；过一个点和一条直线等。

（9）创建基准轴。单击 按钮创建轴线。轴是常用的参考特征，一般用于孔的定位、辅助创建曲面和曲线等。所有能确定一条直线的几何约束都可以作为创建基准轴的条件。Creo根据用户选择的参考，捕捉用户的意图，必要时用户也可以自己选择几何条件，见图3-264。当用户选择的条件能确定一个基准轴，则 确定 按钮可用；如果用户添加的几何与之前选择的冲突或不可能确定基准轴，则不允许用户选择该几何。

确定基准轴的几何条件有：两个点；两个平面的交线；垂直一个平面并标注其位置尺寸，见图3-265；过一个点垂直于一个平面；相切一条曲线过该线上一点等。

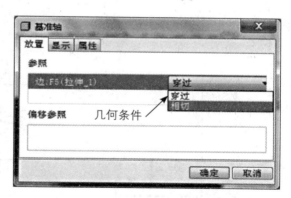

图3-264　创建基准轴

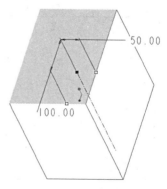

图3-265　创建基准轴

图3-263　创建基准平面

（10）创建基准点。单击 按钮，创建基准点。基准点主要用于草绘参考、创建空间曲线等。所有能确定点位置的几何条件均可用于创建基准点。同样Creo也是根据用户的选择捕捉设计意图。

确定基准点的几何条件有：点的坐标；两条相交曲线；线与面的交点；落在面上并标注其位置尺寸；点在曲线上并距离其端点给定距离或比例等。

（11）镜像。镜像工具 可以对选中的一个或多个特征关于一个基准平面或其他平面进行镜像。

3.11 练习

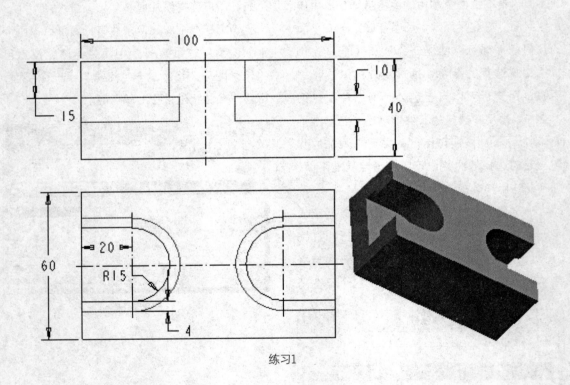

练习1

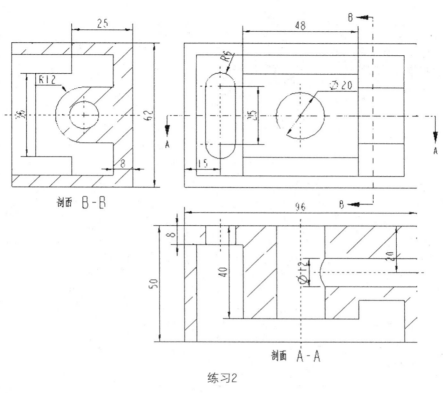

剖面 B-B

剖面 A-A

练习2

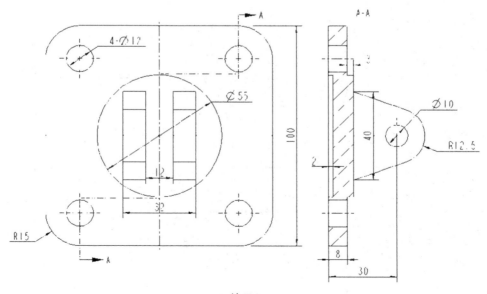

练习3

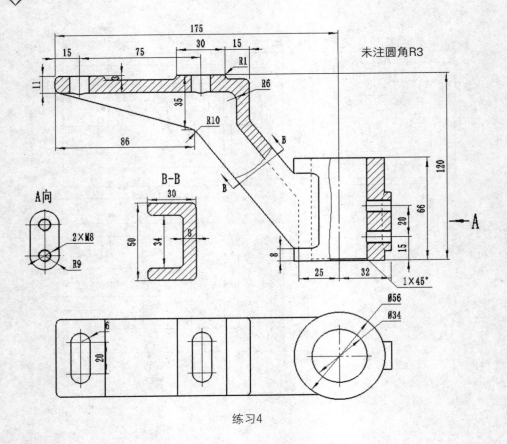

练习4

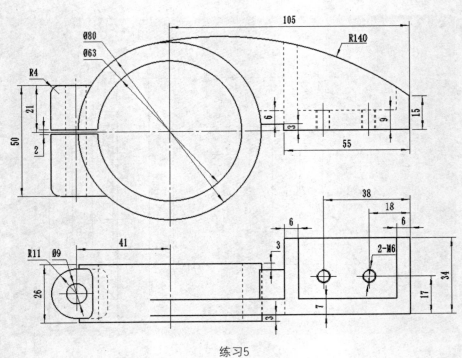

练习5

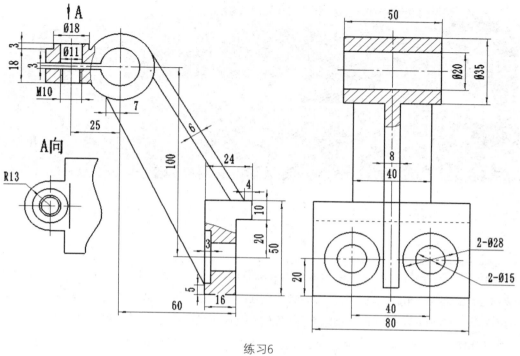

练习6

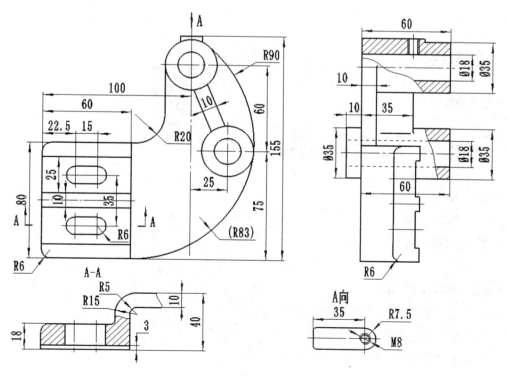

练习7

第四章
基础建模——旋转

PPT课件

资源包

> 旋转工具是旋转体建模的主要方法。旋转体的特点是用过旋转轴的平面"剖开"旋转体零件，旋转轴两侧的剖面关于旋转轴对称。旋转特征创建的原理是："半剖截面"绕旋转轴（以Creo草绘中的中心线 ┊ 绘制）旋转一定的角度产生。旋转工具既可以创建"实体"，也可以创建"曲面"。
>
> 在利用旋转工具创建基础特征时，选取适当的平面来绘制旋转轴及二维"半剖截面"，此二维截面绕着旋转轴旋转，创建旋转实体、薄壳或曲面。如果创建的是实体或薄壳可以为现有零件添加材料，也可以从现有零件切除材料。

4.1 学习目标

掌握旋转体建模的方法。

操作视频

4.2 实例一：实体旋转加材料

步骤1 新建文件

以公制模版新建零件，输入文件名"prt-4-1"，进入建模环境。

步骤2 创建旋转实体

（1）单击"模型"工具栏上的"旋转"按钮 ⊕ 旋转，弹出"旋转操控板（图4-2）。

（2）单击【位置】，弹出下滑板，单击"定义"按钮定义旋转截面。

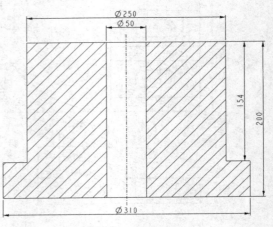

图4-1 模型图纸

（3）选择FRONT基准面作为草绘平面，系统自动选取TOP基准面作为向"上"的草绘方向参考（图4-3）。单击"草绘"按钮进入草绘环境。

（4）在草绘环境中绘制图4-4所示截面，单击 ✔ 按钮完成截面绘制（注意：一定要绘制用作旋转轴的中心线）。

（5）设定旋转特征参数。选中口选项以旋转生成实体，输入旋转角度360°，单击中键完成特征创建，生成的旋转增加材料特征如图4-5所示。

图4-2　旋转操控板

图4-3　选择草绘平面

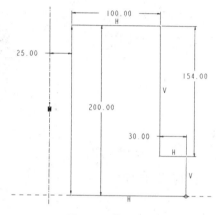

图4-4　草绘截面

图4-5　完成的特征

4.3　实例二：实体旋转移除材料

步骤1　进入草绘界面

（1）打开实例一的模型文件"prt-4-1.prt"。

（2）单击旋转命令按钮 ⊛，打开旋转特征操控板。

（3）单击【位置】菜单，单击"定义"按钮，弹出"草绘"对话框。

（4）选择FRONT基准面作为草绘平面，系统自动选取RIGHT基准面为向"右"的草绘方向参考。

（5）单击中键进入草绘环境。

操作视频

步骤2　增加参考

单击参考按钮 回，弹出"参考"对话框，见图4-6。在草绘环境中选取圆柱顶面和右侧投影线为参考（图4-7），关闭"参考"对话框。

步骤3　草绘截面

绘制图4-8所示截面（注意：一定要绘制用作旋转轴的中心线），并完成截面绘制。

图4-6 参考对话框

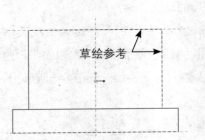

图4-7 增加草绘参考

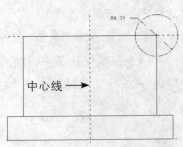

图4-8 草绘截面

步骤4 设定旋转特征参数

选定□选项以旋转生成实体，输入旋转角度360°，然后选定"移除材料"选项◢，单击中键完成特征创建，生成的旋转移除材料特征如图4-9所示。

步骤5 保存文件

单击菜单【文件】⇨【另存为】⇨【保存副本】，在"保存副本"对话框中输入新的文件名"prt-4-2"，单击"确定"或中键另存文件。

图4-9 完成的模型

4.4 实例三：旋转生成曲面

步骤1 新建文件

以公制模板新建零件，文件名"prt-4-3"，进入零件设计环境。

步骤2 创建旋转特征

（1）单击"模型"工具栏上"旋转"按钮 ⊕ 旋转，弹出"旋转"操控板。

（2）单击【位置】菜单，单击"定义"按钮，弹出"草绘"对话框。

（3）选择FRONT基准面作为草绘平面，系统自动选取RIGHT基准面为向"右"的草绘方向参考。

（4）单击中键进入草绘环境。

操作视频

步骤3 绘制旋转截面

在草绘环境中绘制图4-10所示截面，并完成截面绘制（注意：一定要绘制用作旋转轴的中心线）。

步骤4 设定旋转特征参数。

设定旋转特征参数。选中□选项设定旋转为曲面，输入旋转角度180°，单击中键完成特征创建，生成的旋转曲面特征如图4-11所示。

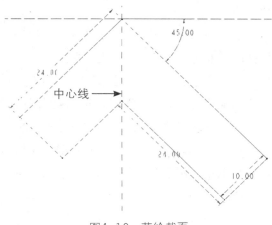

图4-10 草绘截面

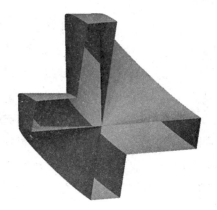

图4-11 完成的特征

4.5 实例四：水杯

操作视频

图4-12 模型预览

步骤1 新建文件

以公制模板新建零件，文件名"prt-4-4"，进入零件设计环境。

步骤2 旋转实体材料

（1）单击"模型"工具栏上的"旋转"按钮，弹出"旋转"操控板。

（2）单击【位置】菜单，单击"定义"按钮，弹出"草绘"对话框。

（3）选择FRONT基准面作为草绘平面，系统自动选取RIGHT基准面为向"右"的草绘方向参考。

（4）单击中键进入草绘环境。

（5）在草绘环境中绘制图4-13所示截面，单击 ✔ 按钮完成截面绘制（注意：①一定要绘制用作旋转轴的中心线。②截面必须封闭）。

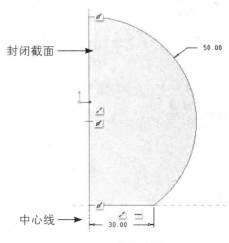

图4-13 草绘截面

（6）设定旋转特征参数。选中口选项设定旋转为实体，输入旋转角度360°，单击确认按钮 ✔ ，生成的旋转特征如图4-14所示。

步骤3　拉伸移除材料

（1）单击 按钮，创建拉伸特征。

（2）在弹出的"拉伸"操控板，单击【放置】菜单，单击"定义"按钮，弹出"草绘"对话框，见图4-15。

（3）选择TOP作为草绘平面，系统选择RIGHT作为向"右"的方向参考，见图4-16。

（4）单击中键进入草绘环境，系统自动选择RIGHT和FRONT基准平面作为绘制二维

截面的参考。

（5）在草绘环境中绘制如图4-18所示椭圆截面，单击 ✔ 按钮完成截面绘制。

（6）设定拉伸特征参数，见图4-17。选中"拉伸为实体" □ 选项，输入拉伸深度100，然后选中"移除材料"按钮 ，单击"更改移除材料方向"按钮 移除截面外侧的材料，单击"确认"按钮 ✔ ，完成拉伸移除材料特征，如图4-19所示。

图4-14　完成的特征

图4-15　草绘对话框

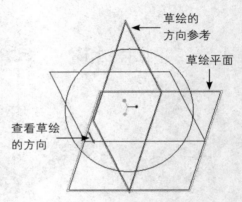

图4-16　草绘平面选取

图4-17　拉伸操控板

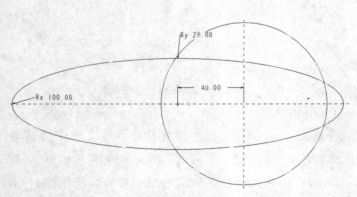

图4-18　草绘截面

图4-19　完成的特征

步骤4　壳特征

（1）单击模型工具栏上的"壳"按钮 回，出现图4-20所示壳操控板，输入壳厚度4。

（2）单击【参考】，弹出下滑面板（图4-21）。激活"移除的曲面"收集框，按住"Ctrl"键选取图4-22所示的两侧面①、②。

（3）激活"非缺省厚度"收集框，选取底面③（图4-21），输入厚度6。

（4）单击中键，完成壳特征创建，见图4-23。

步骤5　倒圆角

（1）单击模型工具栏的"倒圆角"按钮 ，弹出倒圆角操控板。

（2）对图4-24所示加粗的边界，倒R10的圆角。

（3）对图4-25所示加粗的边界，倒R4的圆角。

（4）对图4-26所示加粗的边界，倒R2的圆角，完成的模型见图4-27。

图4-20　壳操控板

图4-21　参考
下滑面板

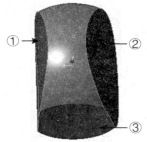

图4-22　参考选取

图4-23　完成特征

图4-24　倒R10圆角

图4-25　倒R4圆角

图4-26　倒R2圆角

图4-27　完成倒圆角的模型

步骤6　旋转增加材料

（1）单击模型工具栏的"旋转"按钮 。

（2）在弹出的旋转操控板中单击【位置】菜单，单击"定义"按钮，弹出"草绘"对话框。

（3）选择FRONT基准面作为草绘平面，系统自动选取RIGHT基准面为向"右"的草绘方向参考。单击"草绘"按钮进入草绘环境。

（4）在草绘环境中绘制如图4-28所示截面。单击 按钮完成截面绘制（注意：一定要绘制旋转中心线，截面需要封闭）。

（5）设定旋转特征参数。选中□选项设定旋转为实体，输入旋转角度360°，单击确认按钮 ，生成旋转特征如图4-29所示。

步骤7 创建基准平面

单击模型工具栏上"基准平面"按钮□，弹出"基准平面"对话框。按着"Ctrl"键选取A_2轴（即杯身的旋转轴线）和RIGHT基准面，设置特性如图4-30所示，单击"确定"完成基准平面创建。

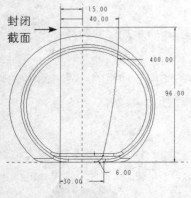

图4-28 参考选取

图4-29 完成特征

图4-30 基准平面对话框

步骤8 旋转曲面

（1）单击模型工具栏的"旋转"按钮 。

（2）在弹出的"旋转"操控板中单击【位置】菜单，单击"定义"按钮，弹出"草绘"对话框。

（3）选择上一步创建的DTM1基准面作为草绘平面，选取Top基准面为向"上"的草绘方向参考。单击"草绘"按钮进入草绘环境。

（4）用"投影"命令□投影图4-31所示的边作为旋转截面（注意：别忘了绘制旋转中心线）。

（5）设定旋转特征参数。选中□选项设定旋转为曲面，输入旋转角度180°，单击中键完成旋转曲面创建，见图4-32。

步骤9 切除瓶身上多余的部分

（1）选中上一步绘制的曲面，单击模型工具栏的实体化按钮 实体化，弹出的"实体化"操控板，如图4-33所示。

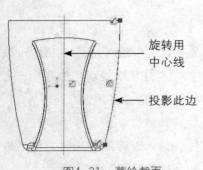

图4-31 草绘截面

图4-32 完成的特征

图4-33 实体化操控板

（2）选中"移除面组内侧或外侧材料"选项 ⟋，单击 ⚡ 反转移除材料的方向。单击中键完成特征创建，见图4-34。

步骤10　旋转移除材料

（1）单击模型工具栏的"旋转"按钮 ⚙。

（2）在弹出的"旋转"操控板中单击【位置】菜单，单击"定义"按钮，弹出"草绘"对话框。

（3）选择FRONT基准面作为草绘平面，系统自动选取RIGHT基准面为向"右"的草绘方向参考。单击中键进入草绘环境。

（4）绘制图4-35所示截面（注意截面必须封闭），单击 ✔ 按钮完成截面绘制。

（5）设定旋转特征参数。选中 ☐ 选项旋转为实体，输入旋转角度360°，选中"去除材料"选项 ⟋。单击确认按钮 ✔ 完成旋转特征创建，见图4-36。

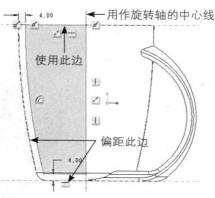

图4-34　完成的特征　　　　图4-35　草绘截面　　　　图4-36　完成的特征

步骤11　倒圆角

（1）对图4-37所示加粗的边界，倒R2的圆角。

（2）对图4-38所示加粗的边界，倒R3的圆角。

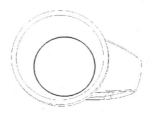

图4-37　倒R2圆角　　　　图4-38　倒R3圆角

步骤12　旋转加材料

（1）单击模型工具栏的"旋转"按钮 ⚙。

（2）在弹出的"旋转"操控板中单击【位置】菜单，单击"定义"按钮，弹出"草绘"对话框。

（3）选择FRONT基准面作为草绘平面，系统自动选取RIGHT基准面为向"右"的草绘方向参考。单击中键进入草绘环境。

（4）选择草绘工具栏的"参考"按钮 ▫，弹出"参考"对话框，选取如图4-39所示的要素作为草绘参考。

（5）绘制如图4-40所示的截面。单击 ✔ 按钮完成截面绘制。

（6）设定旋转特征参数。选中 ☐ 选项旋转为实体，输入旋转角度360°，完成的旋转特征如图4-41所示。

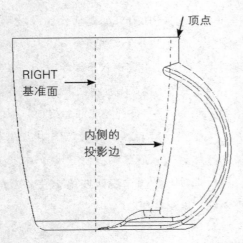

图4-39 选择草绘参考

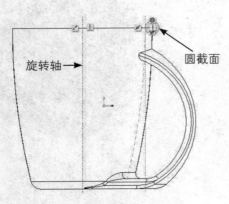

图4-40 草绘截面

图4-41 完成的旋转特征

步骤13 创建草绘曲线

（1）单击模型工具栏的"草绘"按钮，弹出"草绘"对话框，选择TOP基准面作为草绘平面，选取RIGHT基准面为向"右"的草绘方向参考，见图4-42。单击中键进入草绘环境。

（2）单击偏移边命令，选取偏移的边如图4-43所示，输入偏移距离-2，按"回车"键，确认输入。

（3）选取偏移的边如图4-44所示，输入偏移距离-2，按"回车"键，确认输入。

（4）用直线连接两个圆弧，倒圆角R10（图4-45），单击✔完成草绘。

步骤14 扫描杯底的凸台

（1）单击模型工具栏的"扫描"按钮，弹出"扫描"操控板，见图4-46。

（2）选取上一步绘制的曲线，见图4-47。

（3）在"扫描"操控板，单击"创建或编辑扫描剖面"按钮。草绘环境中十字线的交点是扫描的起点。绘制图4-48所示的扫描特征剖面，完成扫描剖面绘制。再完成扫描特征创建。最终完成的模型见图4-49。

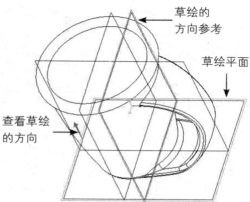

图4-42　草绘平面选取

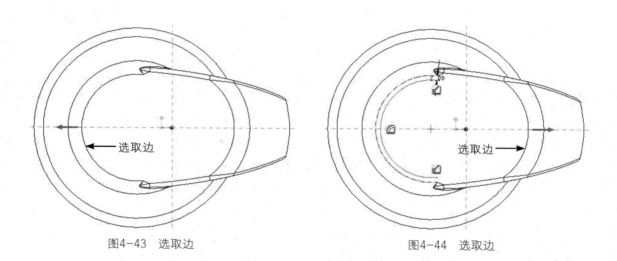

图4-43　选取边　　　　　　　　　　　　图4-44　选取边

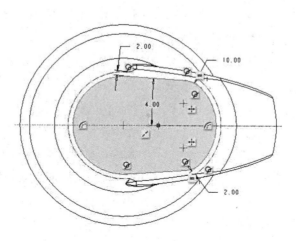

图4-45　完成的草绘截面

图4-46 扫描操控板

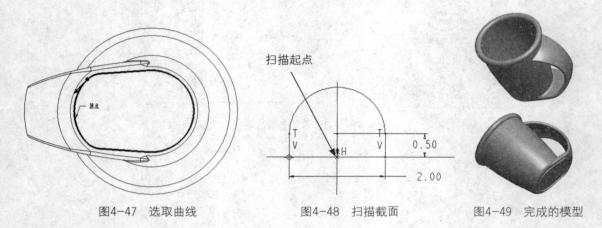

图4-47 选取曲线　　　　图4-48 扫描截面　　　　图4-49 完成的模型

4.6 相关知识与命令总结

单击模型工具栏上的旋转按钮 ，系统显示图4-50所示的"旋转"操控板。

▢：旋转为实体特征。

▱：旋转为曲面特征。

↻ 内部CL　："旋转轴"收集器，用于选择旋转轴。在Creo中建立旋转特征，用户既可以在草绘环境中绘制"中心线"作为旋转轴，也可以在非草绘环境中选定草绘平面上的边或轴线作为旋转轴。在操控板中选择或设定参考时，应首先激活对应的栏目（也称收集器，激活后的背景颜色为黄色）使其处于工作状态。

⊥（可变）：从草绘平面旋转指定的角度。

⊟（对称）：从草绘平面向其两侧，对称旋转指定的角度值。

⊥（到选定项）：从草绘平面旋转到选定的点、线或曲面。

360.00 ▾："角度"输入框，系统提供四种默认的旋转角度值（90，180，270，360），也可以直接输入0.001~360之间任一值。当选择选项⊥时，该栏中显示旋转角度的参考对象 选取 1 个项，激活该栏设计者可以选择旋转角度的参考对象。

％：相对于草绘平面反转特征旋转方向。

◿：以去除材料的方式创建切口特征，配合其后的％按钮，选择创建切口时要移除材料的侧。

⊏：通"加厚"截面轮廓创建薄板特征，配合其后的％按钮，选择增加厚度的方向。

【位置】：定义旋转截面并指定旋转轴。单击"定义"按钮创建旋转的截面。在"轴"收集器中单击以选取旋转轴。

【选项】：定义草绘的一侧或两侧的旋转方式及旋转角度。

【属性】：编辑特征名，也可以在Creo浏览器中打开特征信息。

图4-50　旋转操控板

4.7　练习

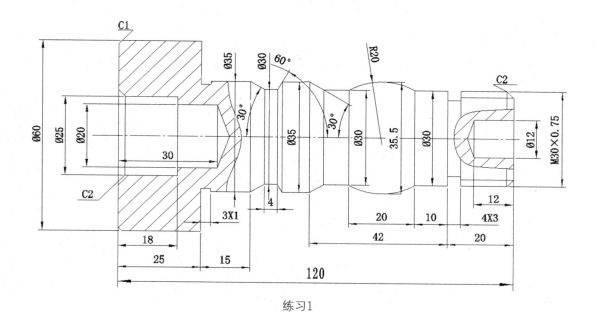

练习1

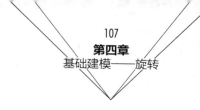

练习2

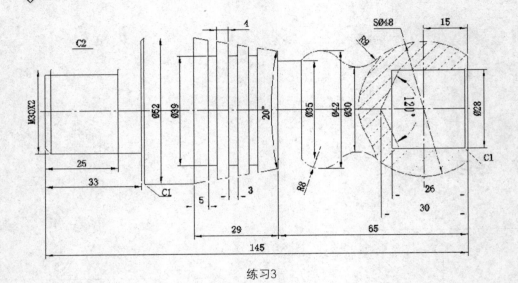

练习3

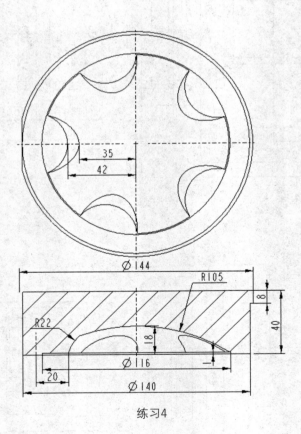

练习4

PPT课件　　资源包

扫描特征是将剖截面沿着一条或多条轨迹线扫描形成实体或曲面的一类特征。它需要分别创建或选取扫描轨迹线和扫描剖面，在最终创建的特征上，特征的横断面与扫描剖面相对应，特征的外轮廓与扫描轨迹线对应。从建模原理上来说，拉伸特征和旋转特征都是特殊轨迹的扫描特征。拉伸特征是将剖截面沿垂直剖截面的直线扫描，旋转特征是将剖截面沿圆轨迹扫描。

利用扫描工具创建特征的步骤：选取扫描轨迹线⇨设置特征参数⇨绘制扫描剖截面⇨修改完善设计参数⇨生成扫描实体特征。本章以数个实例讲解Creo扫描特征的使用，然后对扫描命令的详细用法进行总结，本章中还涉及零件的设计修改方法。

5.1　学习目标

掌握扫描建模的用法及用途，掌握零件的设计修改方法：编辑尺寸、编辑定义、编辑参考，掌握再生失败的处理方法。

操作视频

5.2　实例一（管接头）

此例将完成图5-1所示的零件，讲解扫描特征的基本创建方法。

步骤1　新建零件

以公制模板新建零件，文件名"prt-5-1"。

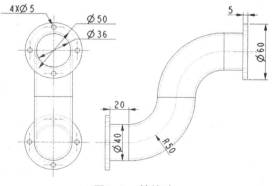

图5-1　管接头

步骤2 创建扫描轨迹线

（1）单击模型工具栏的"草绘"按钮 ，弹出"草绘"对话框，选择FRONT基准面作为草绘平面，选取RIGHT基准面为向"右"的草绘方向参考，见图5-2。单击中键进入草绘环境。

（2）绘制图5-3所示的草图，并修改尺寸。单击 完成草图绘制。

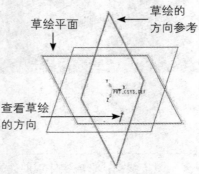

图5-2 草绘平面选取

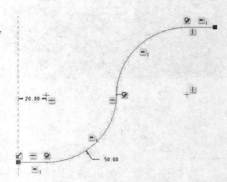

图5-3 绘制的草图

步骤3 建立扫描特征

（1）单击模型工具栏的扫描按钮 扫描，此时系统弹出"扫描"操控板，见图5-4。

（2）选取上一步绘制的草图作为扫描轨迹。

（3）在"扫描"操控板，单击"创建或编辑扫描剖面"按钮 。进入草绘环境，草绘环境中十字参考线的交点是扫描的起点。

（4）绘制图5-5所示的扫描特征剖面。完成扫描剖面绘制。

（5）在"扫描"操控板中，单击 完成扫描特征创建。完成的扫描特征见图5-6。

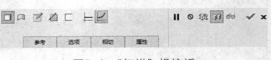

图5-4 "扫描"操控板

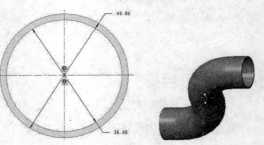

图5-5 扫描剖面 　图5-6 管体

步骤4 建立拉伸特征

（1）单击模型工具栏中的拉伸按钮 ，"拉伸"操控板出现。

（2）在操控板中单击【放置】菜单，单击"定义"按钮，此时系统打开"草绘"对话框。

（3）选择图5-7所示平面作为草绘平面，选取TOP基准面为向"上"的草绘方向参考，见图5-8。单击中键进入草绘环境。

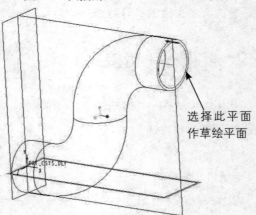

选择此平面作草绘平面

图5-7 草绘平面选择

（4）绘制图5-9所示的截面。

（5）单击草绘工具栏的完成按钮☑，退出草绘模式，返回到"拉伸"操控板。

（6）采用默认的拉伸为实体◎类型，设置拉伸方式为▣，在深度文本框内输入拉伸深度5。

（7）单击拉伸操控板中的"完成"按钮☑，完成拉伸特征创建，如图5-10所示。

（8）类比前面的操作，创建另一端的法兰，结果如图5-11所示。

图5-8　"草绘"对话框

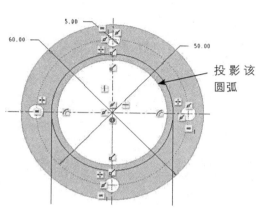

图5-9　草绘截面

图5-10　拉伸的法兰

图5-11　完成的零件

5.3　实例二（带柄的茶杯）

此例将完成图5-12所示的零件建模。

步骤1　新建零件

以公制模板新建零件，输入文件名"prt-5-2"。

步骤2　建立旋转特征

（1）单击"模型"工具栏上的"旋转"按钮◈，弹出"旋转"操控板（图5-13）。

（2）单击【位置】，弹出下滑板，单击"定义"按钮定义旋转截面。

（3）选择FRONT基准面作为草绘平面，系统自动选取TOP基准面作为向"上"的草绘方向参考。单击"草绘"按钮进入草绘环境。

（4）在草绘环境中绘制图5-14所示截面，

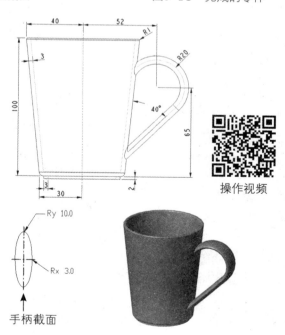

图5-12　带柄茶杯

图5-13　旋转操控板

单击✔按钮完成截面绘制（注意：一定要绘制用作旋转轴的中心线）。

（5）设定旋转特征参数。选中□选项以旋转生成实体，输入旋转角度360，单击中键完成特征创建，生成的旋转增加材料特征。

步骤3　建立倒圆角特征

（1）单击特征工具栏中的"倒圆角"按钮🗝，对图5-15所示的棱边倒R1的圆角。

（2）单击操控板中的完成按钮☑，完成倒圆角。

步骤4　创建扫描轨迹线

（1）单击模型工具栏的"草绘"按钮～，弹出"草绘"对话框，选择FRONT基准面作为草绘平面，选取RIGHT基准面为向"右"的

草绘方向参考，见图5-16。单击中键进入草绘环境。

（2）绘制图5-17所示的草图，并修改尺寸。单击✔完成草图绘制。

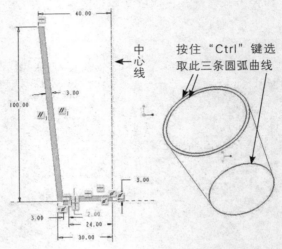

图5-14　草绘截面　　图5-15　倒圆角棱边选择

图5-16　草绘平面选取

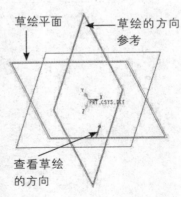

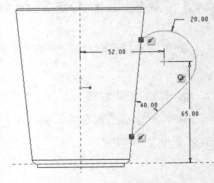

图5-17　绘制的草图

步骤5　建立扫描特征

（1）单击模型工具栏的扫描按钮🗋扫描，此时系统弹出"扫描"操控板，见图5-18。

（2）选取上一步绘制的草图作为扫描轨迹，见图5-19。

（3）在"扫描"操控板，单击"创建或编辑扫描剖面"按钮☑。进入草绘环境，草

图5-18　"扫描"操控板

绘环境中十字线的交点是扫描的起点。

（4）绘制图5-20所示的扫描特征剖面，完成扫描剖面绘制。

（5）在"扫描"操控板，单击【选项】下拉面板，选中"合并端"选项。

（6）在"扫描"操控板中，单击 ✔ 完成扫描特征创建。完成的扫描特征见图5-21。

图5-19　选取轨迹线

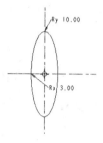

图5-20　扫描截面

图5-21　完成的模型

5.4　实例三（电脑椅）

本实例将设计一张简约型椅子，设计中依次创建一组扫描实体特征来构建椅子腿，再通过拉伸特征构建底座和靠背，建模流程如图5-22所示。

操作视频

步骤1　新建零件

以公制模板创建零件，文件名"prt-5-3"。

步骤2　创建基准平面

单击模型工具栏的"基准平面"按钮 □，弹出"基准平面"对话框。选取FRONT基准

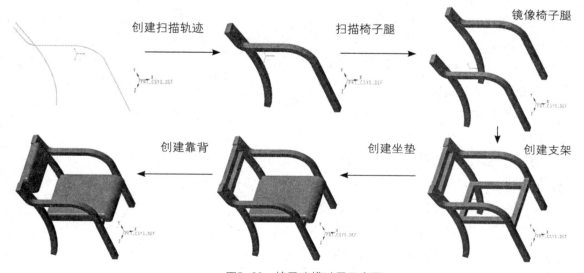

图5-22　椅子建模过程示意图

面，输入平移距离250，单击"确定"完成基准平面DTM1的创建。

步骤3　创建扫描轨迹一

（1）单击模型工具栏的"草绘"按钮，弹出"草绘"对话框，选择DTM1基准面作为草绘平面，选取RIGHT基准面为向"右"的草绘方向参考。单击中键进入草绘环境。

（2）绘制图5-23所示的草图，并修改尺寸。完成草图绘制。

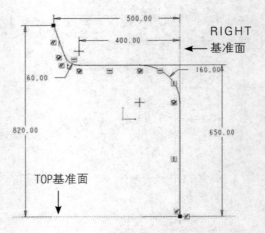

图5-23　绘制的草图

步骤4　创建基准平面

单击模型工具栏的"基准平面"按钮，弹出"基准平面"对话框。选取FRONT基准面，输入平移距离210，单击"确定"完成基准平面DTM2的创建。

步骤5　创建扫描轨迹二

（1）单击模型工具栏的"草绘"按钮，弹出"草绘"对话框，选择DTM2基准面作为草绘平面，选取RIGHT基准面为向"右"的草绘方向参考。单击中键进入草绘环境。

（2）绘制图5-24所示的草图，并修改尺寸。完成草图绘制。

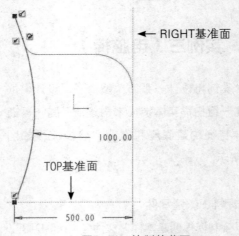

图5-24　绘制的草图

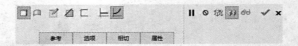

图5-25　"伸出项：扫描"对话框和【扫描轨迹】菜单管理器

步骤6　建立扫描特征一

（1）单击模型工具栏的扫描按钮，此时系统弹出"扫描"操控板，见图5-25。

（2）选取前面绘制的轨迹一作为扫描轨迹，见图5-26。

（3）在"扫描"操控板，单击"创建或编辑扫描剖面"按钮。进入草绘环境，草绘环境中十字参考线的交点是扫描的起点。

（4）绘制图5-27所示的扫描特征剖面。

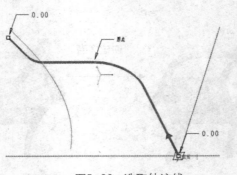

图5-26　选取轨迹线

完成扫描剖面绘制。

（5）在"扫描"操控板中，单击✔完成扫描特征创建。完成的扫描特征见图5-28。

步骤7　建立扫描特征二

（1）单击模型工具栏的扫描按钮📏扫描，此时系统弹出"扫描"操控板。

（2）选取前面绘制的轨迹作为扫描轨迹，见图5-29。

（3）在"扫描"操控板，单击"创建或编辑扫描剖面"按钮☑。进入草绘环境，草绘环境中十字参考线的交点是扫描的起点。

（4）绘制图5-30所示的扫描特征剖面。完成扫描剖面绘制。

（5）在"扫描"操控板中，单击✔完成扫描特征创建。完成的扫描特征见图5-31。

步骤8　镜像椅子腿

（1）选择前面创建的两个扫描特征。

（2）单击镜像按钮〗〖镜像，此时系统提示选择"镜像平面"，选择FRONT基准面。

（3）单击中键完成特征镜像，见图5-32。

步骤9　创建支架

（1）单击🔳按钮，创建拉伸特征。

（2）在出现的"拉伸"操控板中单击【放置】菜单，单击 定义... 按钮，弹出"草绘"对话框。

（3）选择基准面FRONT为草绘平面，选择RIGHT基准面为向"右"的方向参考。单击中键激活草绘环境。

（4）绘制图5-33所示的截面，并修改尺寸。完成草绘，继续下一步设置。

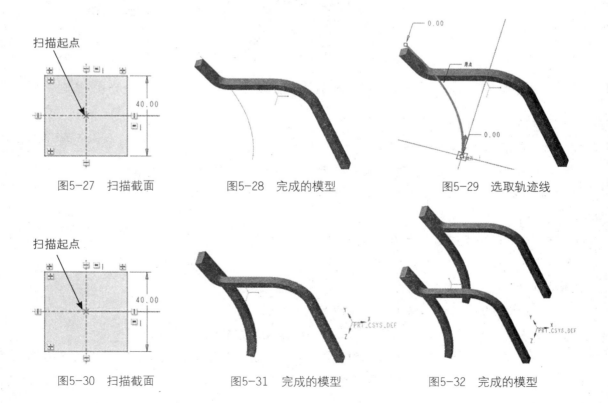

扫描起点

40.00

图5-27　扫描截面　　　　图5-28　完成的模型　　　　图5-29　选取轨迹线

扫描起点

40.00

图5-30　扫描截面　　　　图5-31　完成的模型　　　　图5-32　完成的模型

（5）选择拉伸为实体，选择双向对称拉伸，输入拉伸长度460。

（6）完成拉伸特征创建，创建的模型见图5-34。

步骤10 继续创建支架

（1）单击按钮，创建拉伸特征。

（2）在出现的"拉伸"操控板中单击【放置】菜单，单击 定义... 按钮，弹出"草绘"对话框。

绘"对话框。

（3）选择基准面RIGHT为草绘平面，选择TOP基准面为向"上"的方向参考。单击中键激活草绘环境。

（4）绘制图5-35所示的截面，并修改尺寸。完成草绘，继续下一步设置。

（5）选择拉伸为实体，输入拉伸长度420。

（6）完成拉伸特征创建，创建的模型见图5-36。

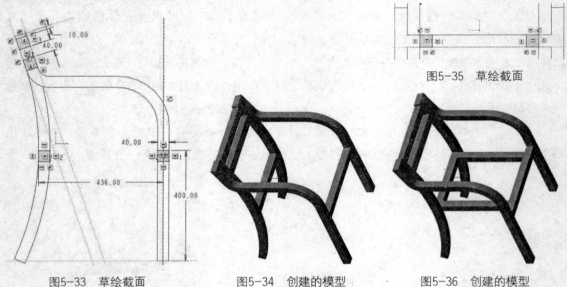

图5-33 草绘截面　　　　图5-34 创建的模型　　　　图5-36 创建的模型

图5-35 草绘截面

步骤11 创建坐垫

（1）单击按钮，创建拉伸特征。

（2）在出现的"拉伸"操控板中单击【放置】菜单，单击 定义... 按钮，弹出"草绘"对话框。

（3）选择基准面FRONT为草绘平面，选择TOP基准面为向"上"的方向参考。单击中键激活草绘环境。

（4）绘制图5-37所示的截面，并修改尺寸。完成草绘，继续下一步设置。

（5）选择拉伸为实体，选择双向对称拉伸，输入拉伸长度400，选择加厚草图，

图5-37 草绘截面

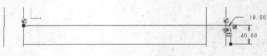

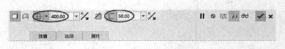

图5-38 拉伸操控板

输入厚度值50，见图5-38。

（6）完成拉伸特征创建，创建的模型见图5-39。

步骤12 创建靠背

（1）单击 按钮，创建拉伸特征。

（2）在出现的"拉伸"操控板中单击【放置】菜单，单击 定义... 按钮，弹出"草绘"对话框。

（3）选择如图5-40所示平面为草绘平面，选择FRONT基准面为向"下"的方向参考，见图5-40。单击中键激活草绘环境。

（4）绘制图5-42所示的截面，并修改尺寸。完成草绘，继续下一步设置。

（5）选择拉伸为实体，输入拉伸长度160，选择加厚草图 ，输入厚度值30，见图5-41。

（6）单击【选项】菜单，在出现的下拉面板中设置图5-43所示参数。

（7）完成拉伸特征创建，创建的模型见图5-44。

步骤13 倒圆角

（1）对图5-45所示加粗的边倒R20的圆角。

（2）对图5-46所示加粗的边倒R10的圆角。

（3）对图5-47所示加粗的边倒R30的圆角。

（4）对图5-48所示加粗的边倒R20的圆角。

图5-39　创建的模型

图5-40　草绘平面选取

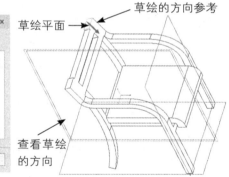

图5-41　拉伸操控板

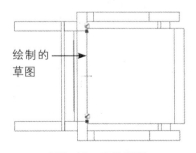

图5-42　草绘截面

图5-43　选项下拉面板

图5-44　创建的模型

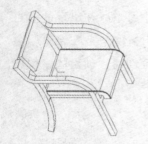
图5-45　倒R20圆角

图5-46　倒R10圆角

图5-47　倒R30圆角

图5-48　倒R20圆角

5.5　实例四

　　此实例将完成图5-49所示零件的绘制，建模流程见图5-50。通过此例学习扫描工具利用关系式控制截面变化的方法。

操作视频

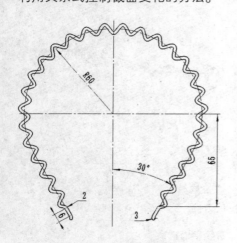
图5-49　头箍零件图纸

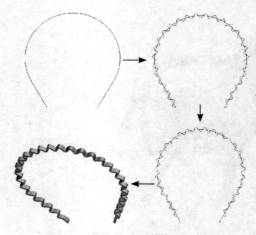
图5-50　建模流程

步骤1　新建零件

　　用公制模板创建新零件，文件名称"prt-5-4"。

步骤2　创建头箍的骨架线

　　（1）单击⊞按钮，选择FRONT作为草绘平面，选择RIGHT作为向"右"的参考，见图5-51。

　　（2）单击 草绘 按钮或单击中键激活草绘

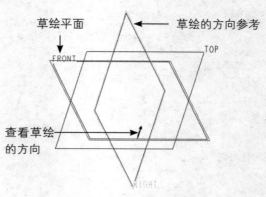
图5-51　草绘平面选取

环境，系统自动选择RIGHT和FRONT基准平面作为绘制二维截面的参考。

（3）绘制图5-52所示的截面，标注尺寸，修改尺寸值。

（4）单击✅按钮完成草绘，继续下一步。

步骤3　利用扫描命令创建头箍波浪线

（1）单击↘按钮，开启"扫描"操控板。选择上一步创建的曲线作为扫描的轨迹，见图5-53。

（2）单击"创建或编辑扫描剖面"按钮☑，绘制扫描剖面见图5-54。

（3）单击【工具】工具栏的关系式按钮ｄ=关系，输入关系式sd4=3*sin(55* 180*trajpar)。其中"sd4"是图5-54所示尺寸的名称。

提示1：进入"关系"对话框，草绘中的所有尺寸将以其名称显示。读者也可以单击【工具】工具栏的"切换尺寸"按钮⬚切换尺寸，切换尺寸显示的状态。

提示2：Creo的关系式中可以进行加（＋）、减（－）、乘（＊）、除（/）及各种函数运算，可用的函数请参考帮助。

提示3：上述关系式中的参数trajpar为Creo的系统参数，在扫描过程中其值从0均匀的变为1。

（4）单击✅按钮完成扫描截面绘制。

（5）单击✅按钮完成扫描特征创建。完成的特征见图5-55。

步骤4　创建头箍扫描的轨迹线

（1）单击草绘按钮◳，选择FRONT作为草绘平面，选择RIGHT作为向"右"的参考。

（2）单击中键激活草绘环境，系统自动选择RIGHT和FRONT基准平面作为绘制二维截面的参考。

（3）以◻命令投影扫描曲面的边界，创建图5-56所示的截面，标注尺寸，修改尺寸值。完成草绘，继续下一步。

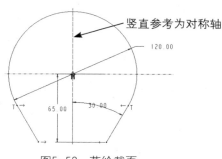

图5-52　草绘截面

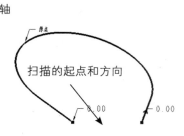

图5-53　选取扫描轨迹

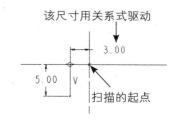

图5-54　创建扫描截面

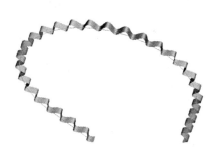

图5-55　扫描的曲面

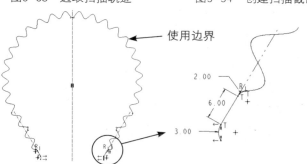

图5-56　草绘扫描轨迹

提示：镜像草图的时候，仅镜像R3的圆弧和长度6的直线，镜像完成后再倒R2的圆角，避免和投影边接不上的情况。

步骤5 创建头箍实体

（1）单击扫描按钮，开启扫描操控板。选择上一步创建的曲线作为扫描的轨迹，见图5-57。

（2）单击"创建或编辑扫描剖面"按钮，草绘扫描的截面，见图5-58。

（3）单击按钮完成扫描截面绘制。

（4）单击设置扫描为实体，选择创建薄板选项，输入板厚2，单击按钮使特征关于截面线对称加厚。

（5）单击按钮完成扫描特征创建。完成的特征见图5-59。

步骤6 倒圆角

（1）单击按钮，创建倒圆角特征。

（2）按着"Ctrl"键选择图5-60所示的边——集1。单击【集】下拉面板，单击【完全倒圆角】按钮在这一对边之间创建完全倒圆角。

（3）在【集】下拉面板中单击"新建集"创建新的"集"。按着"Ctrl"键选择图5-60所示的边——集2。单击【完全倒圆角】按钮在这一对边之间也创建完全倒圆角。

（4）单击按钮完成倒圆角，最终完成的模型见图5-61。

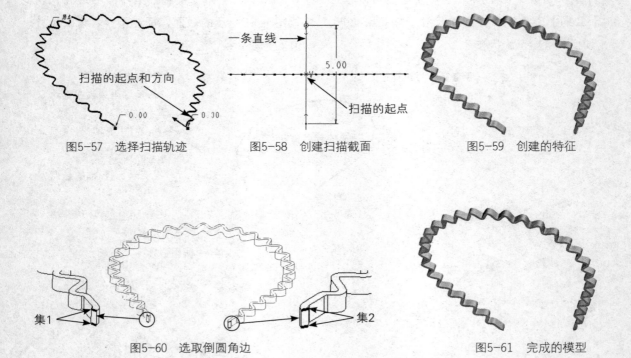

图5-57 选择扫描轨迹　　图5-58 创建扫描截面　　图5-59 创建的特征

图5-60 选取倒圆角边　　　　　　图5-61 完成的模型

5.6 实例五

此例将完成图5-62所示的戒指模型。在该例中学习利用轨迹线控制扫描截面的变化。

操作视频

步骤1 新建零件

利用公制模板创建新零件，文件名称"prt-5-5"。

步骤2 创建扫描的轨迹线

（1）单击草绘按钮，创建扫描轨迹。

（2）选择TOP平面作为草绘平面，系统自动选择RIGHT平面作为向"右"的参考。

（3）绘制图5-63所示截面。

步骤3 创建扫描特征

（1）单击扫描按钮，启动扫描工具。单击按钮设置扫描为实体。

（2）按着"Ctrl"键选择上一步创建的两个圆（先选择小圆，再选择大圆）作为扫描的轨迹。

（3）单击"创建或编辑扫描剖面"按钮，绘制图5-64所示的剖截面，完成草图绘制。

（4）单击按钮完成扫描特征创建。完成的模型见图5-65。

步骤4 倒圆角

对图5-66所示的棱边倒0.2的圆角。

步骤5 创建文字

（1）单击按钮，创建草绘。选择FRONT作为草绘平面，选择RIGHT为向"右"的参考。

（2）利用文字工具，创建图5-67所示文字，文本对话框的设置见图5-68。

（3）单击按钮完成文字创建。

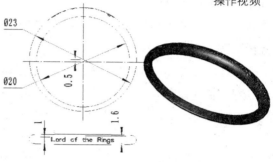
图5-62 模型预览

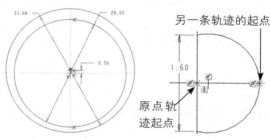
图5-63 扫描的轨迹　　图5-64 创建扫描截面

图5-65 完成的特征

图5-66 倒圆角的边

文字的定位线

图5-67 绘制文字　　图5-68 文本对话框

步骤6　利用偏距命令在曲面上刻字

（1）选择图5-69所示的实体表面。

（2）单击"模型"工具栏单击"偏移"按钮，在出现的偏移操控板中选择偏移方式为"具有拔模" 🎐，输入偏移距离0.1，拔模角度3°，见图5-70。

（3）单击【参考】下拉面板，单击 定义... 按钮绘制曲面偏移的范围。

（4）选择FRONT作为草绘平面，系统自动选择RIGHT为向"右"的参考。

（5）在草绘环境中用投影命令 回 ，投影上一步绘制的文字边线。选择投影"环"更容易操作。

（6）完成草绘，单击 ✅ 完成偏移特征创建。完成的模型见图5-71。

注意：各草图"环"之间不允许相交，也不允许自相交或不封闭。

偏移面

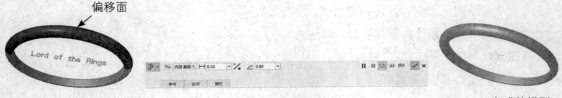

图5-69　选取偏移面　　　　图5-70　偏移操控板　　　　图5-71　完成的模型

5.7　相关知识与命令总结

5.7.1　编辑特征和编辑定义特征

（1）编辑特征。如果对设计完成后创建的模型不满意，可以使用系统提供的特征修改编辑工具对模型中的特征进行修改编辑。实际上，在使用Creo进行建模的过程中，设计者必须熟练掌握设计修改工具，方便修改设计内容，直至满意为止，这也是Creo设计的重要优点之一。

在进行特征修改之前，首先在模树窗口中选取需要修改的特征，然后在其上单击鼠标右键，在右键快捷菜单中选取"编辑"选项，如图5-72所示。此时，系统将显示该特征的所有尺寸参数。双击需要修改的尺寸参数后，输入新的尺寸即可，如图5-73所示。

①修改特征定位尺寸和形状尺寸。在"模型树"窗口中选中需要修改的特征；在其上单击鼠标右键，在右键快捷菜单中选取"编辑尺寸"按钮 📐 ；在绘图区，双击需要修改的尺寸值，输入新的尺寸；最后在"快速访问工具

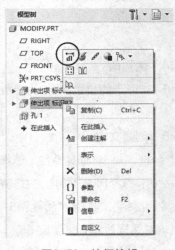

图5-72　特征编辑

栏"中单击🔁按钮，再生模型。

②修改阵列特征。如果选取阵列特征作为修改对象，系统将显示该阵列的尺寸增量和阵列特征数目，双击尺寸值也可以修改尺寸值，见图5-74（读者可以打开文件edit_pattern.prt练习）。

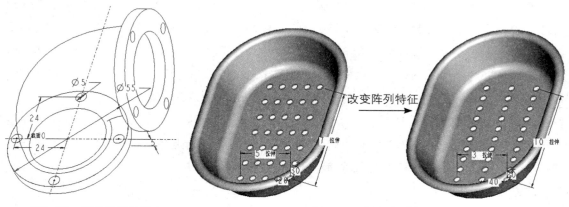

图5-73　修改特征参数　　　　　　　　图5-74　修改阵列特征

提示：修改特征的尺寸参数后，系统并不会立即再生模型。必须单击"快速访问工具栏"的🔁按钮，系统使用新的参数再生模型。再生模型时，系统会根据特征创建的先后顺序依次再生每一个特征。当然，如果使用了不合理的设计参数，可能导致特征再生失败。

（2）编辑定义特征。使用特征编辑的方法来修改设计意图操作简单、直观，但是这种方法功能比较单一，主要用于修改特征的尺寸参数。如果需要全面修改特征创建过程中的设计内容，包括草绘平面、参考以及草绘剖面的尺寸等则应该使用"编辑定义"的方法。

编辑定义特征可以重新定义特征创建中的所有相关要素，其操作流程如下：

①在绘图区或模型树中选取需要编辑定义的特征，然后在其上单击鼠标右键，在右键快捷菜单中选取"编辑定义"命令✎，系统将打开创建该特征的设计操控板。

②编辑定义特征的方式随着特征种类的不同而有所差异，详述如下：

a. 欲编辑的为基础特征——下列数据可以被重新编辑：

● 特征的剖面数据，包括草绘平面的更换、方向参考平面的更换、剖面的编辑（如增加/删减线条、修改尺寸、增加/删除几何限制条件等）。

● 特征的创建方向。

● 加入材料或移除材料的方向。

● 特征的深度。

b. 欲编辑的为工程特征——下列数据可以被重新编辑：

● 特征的放置平面/参考面。

● 放置边/参考边或放置点/参考点。

● 工程特征的剖面尺寸。

c. 欲编辑的为基准平面——下列数据可以被重新编辑：

● 基准平面的正负方向。

● 创建基准平面时所用到的参考几何和相对应尺寸。

5.7.2 特征参考编辑

在创建三维模型时，每新建一个特征都需要选取一系列对象作为参考，同时也为参考的对象和新建特征之间引入"父子关系"。一般来说，设计中不会频繁更改一个特征的创建参考，但是在有些特殊的情况下，必须重新设计特征的参考。例如，如果要删除模型上的某一个特征，而该特征又作为其他特征的参考，即其他特征为该特征的子特征，在删除该特征之前，必须重新为其所有子特征指定新的参考，此时就可以使用编辑特征参考的方法来解决。

编辑特征参考的用途是让用户选取新的草绘平面、新的方向参考平面、新的尺寸标注参考面/线/点、工程特征新的放置参考位置等，来改变特征间的父子关系。操作流程比较简单，只需根据系统提示，逐一完成特征上所有参考的变更即可，其操作流程如下：

（1）在绘图区或模型树窗口中选取需要编辑参考的特征，然后在其上单击鼠标右键，在右键快捷菜单中选取"编辑参考"命令 🔗。

此外，当要删除一个特征时，若此特征有子项，则子特征以蓝色显示，且出现删除对话框，如图5-75所示。在此对话框中选取"选项"，则出现"子项处理"对话框，在对话框中点选子项，然后按住鼠标右键点选"编辑参考"，即可编辑特征参考（读者可以打开文件edit_reference.prt练习）。

（2）出现"编辑参考"对话框，如图5-76所示。所选特征的参考几何出现在"原始参考"列表里。

（3）对每一个选中的参考几何，用户可以选择新的参考进行替换。

（4）当修改过参考后，单击"确定"按钮后，Creo系统会对整个零件进行几何计算，若重新计算成功，则新的父子关系将被创建；若重新计算失败，则弹出"重新生成失败"对话框；单击"确定"则创建失败的特征，单击"取消"则返回"编辑参考"对话框。

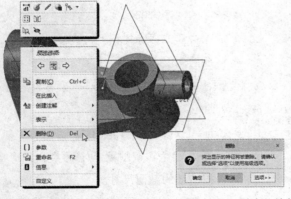

图5-75　删除父特征

图5-76　编辑参考

5.7.3 特征再生失败及其处理

在使用Creo进行三维建模时，每当设置完特征参数或更新特征参数后，系统都会按特征创建顺序，并根据特征间父子关系的层次逐个重新计算模型。但是，不合适的参数或操作可能导致特征无法计算成功。这就需要对失败的特征进行解决以获得正确的结果。

（1）特征再生失败的原因。

导致特征再生失败的原因很多，归纳起来主要有以下几种情况：

- 在创建实体模型时，指定了不合适的尺寸参数。例如在创建扫描实体（曲面）特征时，如果扫描轨迹线的转折过急，而剖面尺寸较大时将导致特征生成失败。
- 在创建实体模型时，指定了不合适的方向参数。例如创建筋特征时指定了不合理的材料填充方向，创建减材料特征时指定了不正确的特征生成方向。
- 设计者删除或隐含了特征。如果设计者删除或隐含了特征，却并未为该特征的子特征重新设定父特征，也将导致特征再生失败。
- 设计参考缺失。在变更模型设计意图的过程中，如果对其他特征的修改操作而导致某一特征的设计参考丢失，也将导致该特征再生失败。

对于再生失败的模型，可以通过模型诊断来发现问题所在，然后再根据问题的特点采用适当的方法来修复模型，下面将介绍具体的解决方法。

（2）特征再生失败的解决方法

当有特征再生失败后，状态栏出现标记，单击则出现如图5-77所示的"通知中心"。选中失败的特征，可以对其"编辑定义"或"编辑参考"，修改不当的参考或尺寸。

图5-77　设计失败操控板

5.8　练习

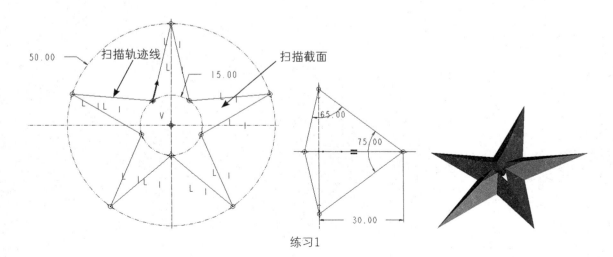

练习1

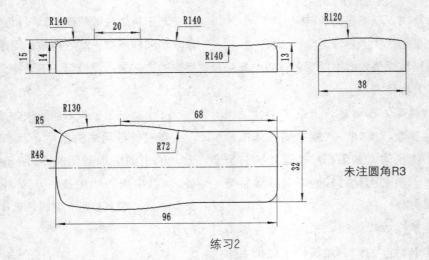

未注圆角R3

练习2

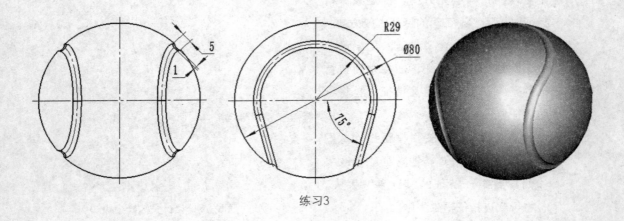

练习3

第六章
基础建模——混合

PPT课件　　资源包

前一个单元讲解的扫描工具是单一剖面沿着一条或者多条轨迹扫描生成实体的建模方法。在扫描特征中，草图剖面虽然可以按照轨迹的变化而变化，但其剖面基本形状是不变的。如果一个单一的实体特征中有多个形状各异的剖面，就可以用混合工具创建。

混合工具将两个及两个以上的截面按照定义的约束和方式"过渡"为实体或曲面特征，各截面之间按一定的规则渐变。

6.1　学习目标

本章讲解混合工具的用法及用途，讲解平行、旋转和一般混合的详细用法及混合截面的要求及绘制技巧。

6.2　实例一

本例创建图6-1所示模型，讲解"平行"截面类的混合特征的创建及混合截面的要求、混合顶点的使用。

步骤1　新建零件
以公制模板新建零件，文件名"prt-6-1"。

步骤2　调整工具栏

（1）在模型工具栏单击【形状】组，在出现的"溢出"面板中可以看到"混合"和"旋转混合"按钮。

操作视频

图6-1　模型预览

（2）分别在混合按钮 混合 和旋转混合按钮 旋转混合 上单击右键，选择【移至组】菜单，将这两个按钮移至模型工具栏的【形状】组。

步骤3　创建混合特征

（1）单击模型工具栏的混合按钮 混合，此时系统弹出"混合"操控板，见图6-2。

（2）在混合操控板中单击【截面】菜单，单击"截面"下滑面板中的"定义"按钮，见图6-3，此时系统打开"草绘"对话框。

（3）选取TOP基准面为草绘平面，系统自动选择RIGHT基准面为向"右"的草绘方向参考，单击中键进入草绘环境。

（4）绘制图6-4所示的截面。单击✔完成草图绘制。

（5）在"截面"下滑面板中，选择"偏移尺寸"，输入偏移距离90，见图6-5。

（6）单击 草绘... 绘制，进入草绘环境，绘制第二个混合截面，见图6-6。

（7）单击✔完成混合特征创建，创建的模型见图6-7。

步骤4　倒圆角

（1）对图6-8所示加粗的边倒R5的圆角。

（2）对图6-9所示加粗的边倒R2的圆角。

图6-2　混合操控板

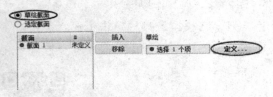

图6-3　"截面"下滑面板

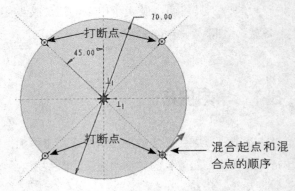

图6-4　混合截面一

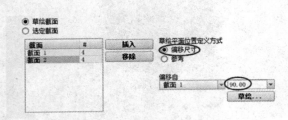

图6-5　"截面"下滑面板

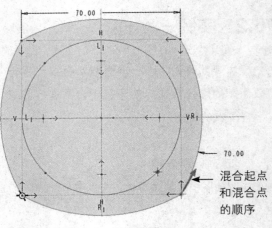

图6-6　混合截面二

步骤5　抽壳

单击抽壳按钮 壳，在抽壳操控板中输入壳厚3。选择图6-10所示的表面为开口面。单击中键完成命令，完成的实体见图6-11。

步骤6　倒圆角

对图6-12所示加粗的边倒完全圆角。完成的模型见图6-13。

图6-7　创建的模型

图6-8　倒R5圆角

图6-9　倒R2圆角

选择开口的面

图6-10　选取开口的面

图6-11　完成抽壳

图6-12　倒完全圆角

图6-13　完成的模型

6.3　实例二

本例将完成图6-14所示零件，讲解"旋转混合"特征的创建。旋转类型的混合特征的剖面可以绕Y轴旋转一定的角度，但相邻两个剖面之间的旋转角度不能超过±120°。

步骤1　新建零件

以公制模板新建零件，文件名"prt-6-2"。

操作视频

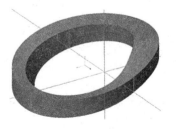

图6-14　例子预览

步骤2　创建旋转混合特征

（1）单击模型工具栏的旋转混合按钮 ⏽ 旋转混合，此时系统弹出"旋转混合"操控板，见图6-15。

（2）在混合操控板中单击【截面】菜单，单击"截面"下滑面板中的"定义"按钮，见图6-16，此时系统打开"草绘"对话框。

（3）选取FRONT基准面为草绘平面，系统自动选择RIGHT基准面为向"右"的草绘方向参考，单击中键进入草绘环境。

（4）绘制图6-17所示的截面。单击 ✓ 完成草图绘制。

（5）在"截面"下滑面板中，选择"偏移尺寸"，输入偏移距离90，见图6-18。

（6）单击 草绘… 按钮，进入草绘环境，绘制第二个混合截面，见图6-19。单击 ✓ 完成草图绘制。

（7）在"截面"下滑面板中，选择"偏移尺寸"，输入偏移距离90，见图6-20。

（8）单击 草绘… 按钮，进入草绘环境，绘制第三个混合截面，见图6-22。单击 ✓ 完成草图绘制。

（9）在"选项"下滑面板中，选择"平滑"和"连接终止截面和起始截面"，见图6-21。

（10）单击 ✓ 完成混合特征创建，创建的模型见图6-23。

图6-15　混合操控板

图6-16　"截面"下滑面板

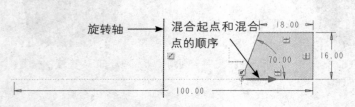

图6-17　混合截面一

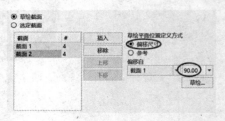

图6-18　"截面"下滑面板

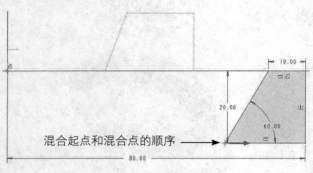

图6-19　混合截面二

图6-20　"截面"下滑面板

图6-21　"选项"
下滑面板

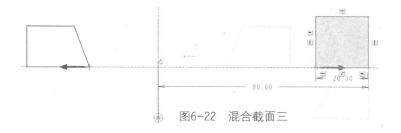

图6-22　混合截面三

图6-23　完成的模型

6.4　实例三

本例主要讲解一般类型混合特征的创建。一般类型的混合特征的混合截面可以绕坐标系X、Y和Z轴同时旋转，并且还可以沿这3个轴平移。如图6-24所示的实体是由5个不同方位的截面混合生成的。

步骤1　新建零件

以公制模板新建零件，文件名"prt-6-3"。

步骤2　创建混合截面1

（1）单击模型工具栏的"草绘"按钮 ，弹出"草绘"对话框，选择TOP基准面作为草绘平面，选取RIGHT基准面为向"右"的草绘方向参考。单击中键进入草绘环境。

（2）绘制图6-25所示的草图，并修改尺寸。单击 ✔ 完成草图绘制。

步骤3　创建基准平面

单击模型工具栏的"基准平面"按钮 ，弹出"基准平面"对话框。选取TOP基准面作为"参考"，输入平移距离68，单击"确定"完成基准平面DTM1的创建。

步骤4　创建混合截面2

（1）单击模型工具栏的"草绘"按钮 ，弹出"草绘"对话框，选择DTM1基准面作为

操作视频

图6-24　例子预览

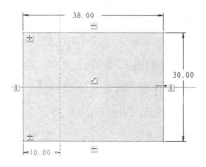

图6-25　绘制的草图

草绘平面，选取RIGHT基准面为向"右"的草绘方向参考。单击中键进入草绘环境。

（2）绘制图6-26所示的草图，并修改尺寸。完成草图绘制。

步骤5　创建基准平面

单击模型工具栏的"基准平面"按钮 ，弹出"基准平面"对话框。选取TOP基准面作

为"参考",输入平移距离100,单击"确定"完成基准平面DTM2的创建。

步骤6 创建混合截面3

（1）单击模型工具栏的"草绘"按钮 🖊 ，弹出"草绘"对话框，选择DTM2基准面作为草绘平面，选取RIGHT基准面为向"右"的草绘方向参考。单击中键进入草绘环境。

（2）绘制图6-27所示的草图，并修改尺寸。完成草图绘制。

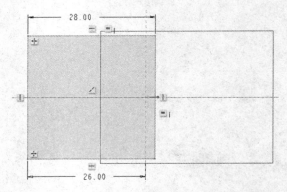

图6-26 绘制的草图

步骤7 创建基准平面

单击模型工具栏的"基准平面"按钮 ▱ ，弹出"基准平面"对话框。选取TOP基准面作为"参考"，输入平移距离144，单击"确定"完成基准平面DTM3的创建。

步骤8 创建混合截面4

（1）单击模型工具栏的"草绘"按钮 🖊 ，弹出"草绘"对话框，选择DTM3基准面作为草绘平面，选取RIGHT基准面为向"右"的草绘方向参考。单击中键进入草绘环境。

（2）绘制图6-28所示的草图，并修改尺寸。完成草图绘制。

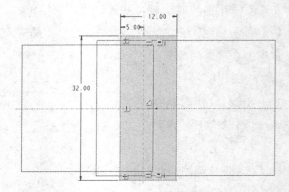

图6-27 绘制的草图

步骤9 创建基准平面

（1）单击模型工具栏的"基准平面"按钮 ▱ ，弹出"基准平面"对话框。选取TOP基准面作为"参考"，输入平移距离185，单击"确定"完成基准平面DTM4的创建。

（2）单击模型工具栏的"基准轴"按钮 ／轴 ，弹出"基准轴"对话框。按着"Ctrl"键选取DTM4和RIGHT基准面作为"参考"，以这两个平面的交线创建基准轴A_1。

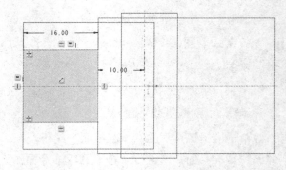

图6-28 绘制的草图

（3）再次单击模型工具栏上"基准平面"按钮 ▱ ，弹出"基准平面"对话框。选取DTM4基准面和A_1基准轴作为"参考"，输入旋转角度60°（含义是通过A_1轴，与DTM4基准平面夹角60°），单击"确定"完成基准平面DTM5的创建。

步骤10　创建混合截面4

（1）单击模型工具栏的"草绘"按钮 ，

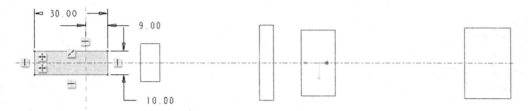

图6-29　绘制的草图

步骤11　创建一般混合特征

（1）单击模型工具栏的混合按钮 混合，此时系统弹出"混合"操控板，见图6-30。

（2）在混合操控板中单击【截面】菜单，在"截面"下滑面板中选择"选定截面"按钮，见图6-31，选择之前绘制的草绘1。

（3）单击"插入"按钮，选择草绘2。

注意：创建混合特征的截面的顶点数必须一致，否则要手工增加"混合顶点"，使各

弹出"草绘"对话框，选择DTM5基准面作为草绘平面，选取FRONT基准面为向"下"的草绘方向参考。单击中键进入草绘环境。

（2）绘制图6-29所示的草图，并修改尺寸。完成草图绘制。

截面总的顶点数（截面原有顶点数+混合顶点数）一致。

（4）再次单击"插入"按钮，选择草绘3，如图6-33所示。混合起点没对齐，模型出现扭曲。

（5）单击【截面】菜单，在"截面"下滑面板中选择"截面3"，单击"细节"按钮，见图6-32所示，出现"链"对话框。

（6）在"链"对话框中，单击【选项】页面，激活"起点"拾取框，见图6-34，选择图6-35所示顶点。

（7）单击"确定"按钮，完成截面3的"细节"调整。继续插入其余截面。如果出现

图6-30　混合操控板

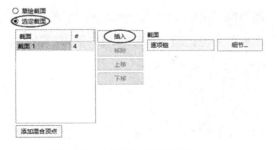

图6-31　"截面"下滑面板

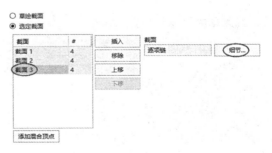

图6-32　修改截面3的"细节"

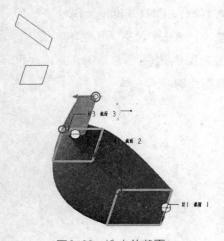

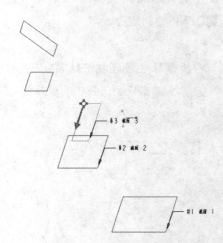

图6-33　选中的截面　　　　　　图6-34　"链"对话框　　　　　　图6-35　更改混合起点

起点不对，仿照上述方法修改。最终完成的模型如图6-36所示。

6.5　相关知识与命令总结

混合特征用于多个近似截面之间填充材料，创建模型。截面之间的关系有：截面互相平行、截面绕轴旋转和自由截面三种，前两种在混合工具内部创建，"自由截面"需要在混合工具中选取草绘工具绘制的草图或几何线。

（1）平行截面混合：各个截面之间相互平行，间隔一定距离。

（2）旋转截面混合：各截面围绕轴线旋转，最大角度可达到120°。

（3）自由截面混合：各截面之间在X、Y、

图6-36　完成的模型

Z轴方向均可旋转，不是约束，当然前提是能插补的样条曲线不发生交叉重叠。

注意：各截面的顶点数必须相同，如果顶点数不同，可以添加"混合顶点"补齐；或在合适的位置"打断"截面线，人为创造顶点。

6.6 练习

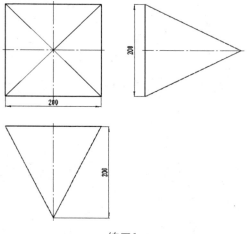

练习1

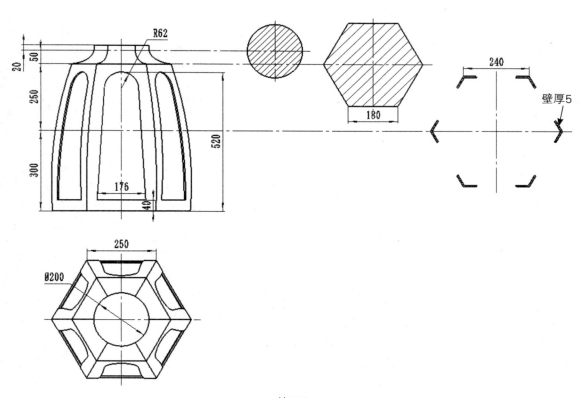

练习2

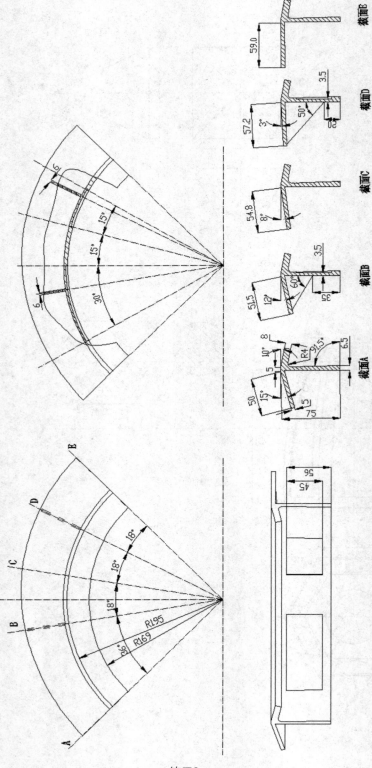

练习3

PPT课件 　　　资源包

壳工具可以挖空现有的实体，创建等壁厚的零件，也可以选择实体的部分表面定义"非缺省"壁厚。壳工具的作用对象是实体，不适用于特征。

7.1　学习目标

等厚类产品在工业产品中占了很大比例，这类产品都涉及抽壳特征的运用。在设计中灵活使用抽壳特征，尤其是抽壳时机的把握，对模型的建构能起到很大的作用。

7.2　实例一

此实例将完成图7-1所示零件的建模。此例以拉伸建模为主，并学习抽壳工具的运用。此零件可以通过数次拉伸创建，利用倒角和倒圆角进行边角的修饰，最后利用抽壳工具完成零件的等厚壳体设计。

步骤1　新建零件

（1）单击"新建"按钮 ，进入"新建"对话框。

（2）接受缺省设置，输入文件名称"prt-7-1"，单击"确定"，进入零件设计环境。

步骤2　创建第一个拉伸特征

（1）单击"拉伸"按钮 ，草绘平面放置在TOP平面上，接受默认设置。

（2）绘制图7-2所示的截面。

（3）在拉伸操控板中，选择拉伸为实体，拉伸长度为30，完成拉伸特征创建，创建的实体见图7-3。

操作视频

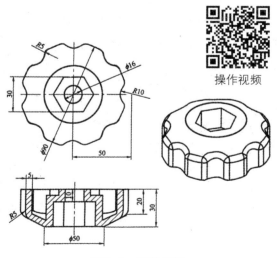

图7-1　零件图纸

步骤3　创建倒角特征

（1）单击"倒角"按钮 📎 倒角 ▾，选择边，见图7-5。

（2）倒角参数为D1×D2，D1为20，D2为10，见图7-4。

（3）完成倒角特征创建，见图7-6。

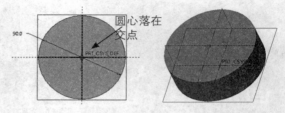

图7-2　草绘截面　　图7-3　创建的拉伸特征

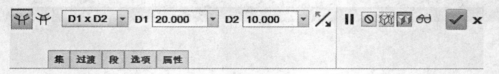

图7-4　倒角参数设置

步骤4　创建第一个拉伸减料特征

（1）创建右边圆弧缺口。单击"拉伸"按钮 ▨，创建拉伸特征。

（2）单击"拉伸"按钮 ▨，选择TOP作为草绘平面，接受默认设置。

（3）绘制图7-7所示的截面。选择拉伸为实体，拉伸长度为30。调整拉伸方向并单击"去除材料"按钮 ▨。完成拉伸特征创建，创建的实体见图7-8。

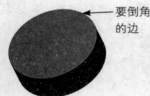
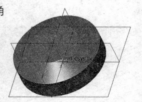
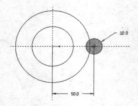
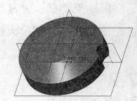

图7-5　倒角边的选择　　图7-6　创建的倒角特征　　图7-7　草绘截面　　图7-8　创建的拉伸特征

步骤5　创建阵列特征

（1）这一步完成圆边的所有圆弧缺口，单击"阵列"按钮 ▦，创建阵列特征。

（2）选择"拉伸2"特征，单击"阵列"按钮 ▦，阵列轴为"A_1"，阵列参数见图7-10。

（3）完成阵列特征的创建，创建的实体见图7-9。

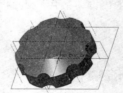

图7-9　创建的阵列特征

轴 ▾ | 1 1个项 | ⅛ | 8 | 45.0 ▾ | ⊿ 360.0 ▾ | 2 1 | 9.437 ▾ | ‖ ⊘ ⚙ 𝚰 ᚙᚙ ✔ ✕

图7-10　阵列参数设置

步骤6　创建倒圆角特征

（1）单击"倒圆角"按钮 ⬜ 倒圆角 ▼。修改倒圆角参数为5，要倒圆角的边见图7-11。

（2）完成倒圆角特征的创建，创建的实体见图7-12。

步骤7　创建第二个拉伸减材料特征（正六边形凹槽）

（1）单击"拉伸"按钮 ⬜，选择如图7-13所示表面为草绘平面，接受默认设置。

（2）完成如图7-14的草绘截面。

（3）完成深度为20的拉伸减料，见图7-15。

步骤8　创建第三个拉伸减材料特征（圆孔）

（1）单击"拉伸"按钮 ⬜，选择如图

7-16所示表面为草绘平面，接受默认设置。

（2）完成草绘截面，见图7-17。

（3）完成深度为10的拉伸减料，见图7-18。

步骤9　抽壳特征的创建

（1）单击"壳"按钮 ⬜ 壳，进入抽壳参数设置界面，选择图7-19所示曲面为移除曲面。

（2）修改壳的厚度为5。

（3）完成抽壳特征创建，创建的实体见图7-20。

步骤10　保存，完成零件的设计

（1）零件设计完成，完成的零件见图7-21。

（2）单击"保存"按钮 ⬜，保存三维零件。

图7-11　修剪的边

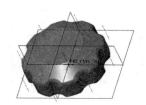
图7-12　创建的倒圆角特征

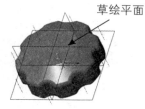
图7-13　草绘的放置

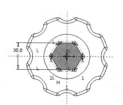
图7-14　草绘截面

图7-15　创建第二个
拉伸减材料特征

图7-16　草绘的放置

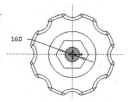
图7-17　草绘截面

图7-18　创建第三个拉
伸减材料特征

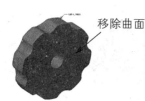
图7-19　移除曲面的选择

图7-20　抽壳特征的创建

图7-21　完成设计的零件

7.3 实例二

此实例将完成图7-22所示零件的建模。此例将通过一次拉伸、一次扫描、镜像扫描的实体、抽壳，完成零件建模。

步骤1 新建零件

（1）单击"新建"按钮，进入"新建"对话框。

（2）接受缺省设置，输入文件名称"prt-7-2"，单击"确定"，进入零件设计环境。

步骤2 创建拉伸特征

（1）单击"拉伸"按钮，草绘平面选择RIGHT平面，接受默认设置。

（2）绘制如图7-23所示的截面。

（3）在拉伸操控板中，选择拉伸为实体，拉伸长度为200，单击"对称"按钮对称拉伸，完成拉伸特征创建，创建的实体见图7-24。

步骤3 创建基准平面

单击"平面"按钮，选择FRONT平面为参考，输入平移距离50，完成DTM1基准平面的创建。

步骤4 草绘扫描路径

（1）单击"草绘"按钮，草绘平面选择DTM1，接受默认设置。

（2）完成图7-25所示的扫描路径。

操作视频

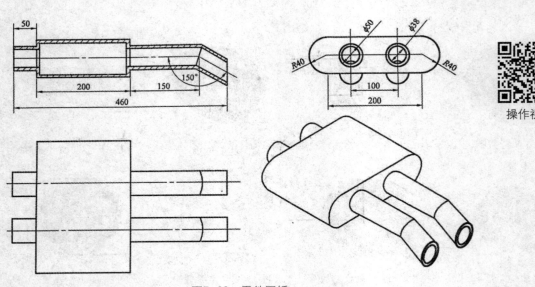

图7-22　零件图纸

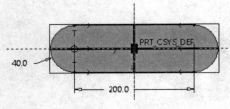

图7-23　草绘截面

图7-24　创建的拉伸特征

步骤5　创建扫描特征

（1）单击"扫描"按钮，选择步骤4的草绘为扫描路径，单击按钮进入扫描截面绘制界面。

（2）完成图7-26所示的截面。

（3）完成扫描特征创建，见图7-27。

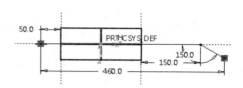

图7-25　扫描路径

注意：在图7-28所指示端，拖动控制点，将扫描特征延长50，后期用"实体化"工具去除多余材料，以达到设计要求。

图7-26　扫描截面

步骤6　镜像扫描特征

选择步骤5创建的扫描特征，单击"镜像"按钮，选择FRONT基准平面为镜像平面，完成镜像，见图7-29。

步骤7　利用平面去除扫描特征的多余材料

（1）创建基准点，使基准点PNT0在图7-28所示的扫描路径端点上。

（2）与RIGHT平面平行，过PNT0创建基准平面DTM2。

（3）选择DTM2平面，单击"实体化"按钮，单击按钮去除扫描特征的多余材料，调整好去除方向，完成的实体见图7-30。

图7-27　创建的扫描特征　　图7-28　延长端

图7-29　镜像后的扫描特征　　图7-30　修剪好的扫描特征

步骤8　创建抽壳特征

（1）单击"壳"按钮，进入抽壳界面，选择的图7-31所示的曲面为"抽壳曲面"。

（2）修改壳的厚度为6。

（3）完成抽壳特征创建，创建的实体见图7-32，单击"保存"按钮，完成零件建模。

图7-31　抽壳曲面

图7-32　创建完成的抽壳特征

7.4　实例三

此实例将完成图7-33所示零件的建模。此例的零件可以通过两次旋转、两次抽壳、一次扫描、一次拉伸和一次阵列完成。

步骤1　新建零件

（1）单击"新建"按钮，进入"新建"对话框。

（2）接受缺省设置，输入文件名称"prt-7-3"，单击"确定"，进入零件设计环境。

步骤2　创建第一个旋转特征

（1）单击"旋转"按钮进入旋转特征创建界面，单击"放置"按钮，在弹出的界面中单击"定义"按钮弹出草绘对话框，选择FRONT作为草绘平面，接受默认设置。

（2）完成如图7-34所示截面。

（3）单击"确定"按钮✅完成旋转特征创建，实体见图7-35。

步骤3　创建第一个抽壳特征

（1）单击"壳"按钮，进入抽壳参数设置界面，选择的移除曲面见图7-36。

（2）修改壳的厚度为5。

（3）完成抽壳特征创建，实体见图7-37。

步骤4　创建第二个旋转特征

（1）单击"旋转"按钮进入旋转特征创建界面，单击"放置"按钮，在弹出的界面中单击"定义"按钮弹出草绘对话框，选择FRONT作为草绘平面，接受默认设置。

（2）完成如图7-38所示截面。

（3）单击"确定"按钮✅完成旋转特征创建，实体见图7-39。

操作视频

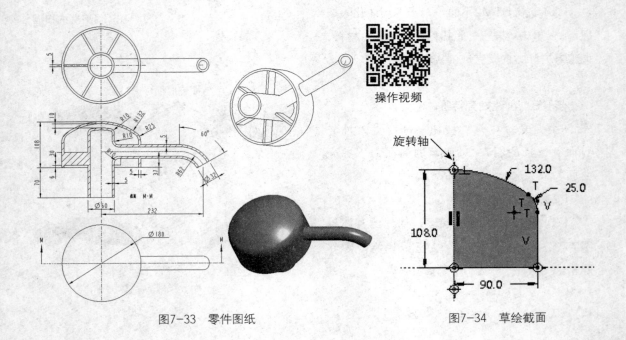

图7-33　零件图纸

图7-34　草绘截面

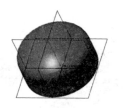

图7-35　创建的第
一个旋转特征

图7-36　移除曲面

图7-37　创建的第一
个抽壳特征

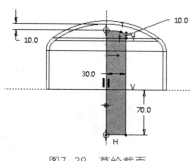

图7-38　草绘截面

图7-39　创建的第二个
旋转特征

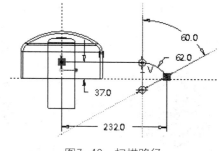

图7-40　扫描路径

步骤5　草绘扫描路径

（1）单击"草绘"按钮🖉，选择FRONT作为草绘平面，接受默认设置。

（2）完成图7-40所示的扫描路径。

步骤6　创建扫描特征

（1）单击"扫描"按钮📷，选择步骤5草绘的扫描路径，单击🗹按钮进入扫描截面绘制界面。

（2）完成图7-41所示的扫描截面。完成扫描特征创建，见图7-42。

步骤7　创建倒圆角特征

（1）单击"倒圆角"按钮 🔵倒圆角 ▾。修改倒圆角参数为10，选择图7-43所示的倒圆角边。

（2）完成倒圆角特征的创建，实体见图7-44。

步骤8　创建第二个抽壳特征

（1）单击"壳"按钮🔲壳，进入抽壳界面，选择图7-45所示的移除曲面。

（2）修改壳的厚度为5。

（3）完成抽壳特征创建，实体见图7-46。

步骤9　创建拉伸特征

（1）单击"拉伸"按钮🗗，选择FRONT作为草绘平面，接受默认设置。

（2）绘制如图7-47所示的截面。

（3）在拉伸操控板中，选择拉伸为实体，拉伸长度为5，单击"对称"按钮🗗▾对称拉伸，完成拉伸特征创建，创建的实体见图7-48。

步骤10　创建阵列特征

（1）选择步骤9创建的拉伸特征，单击"阵列"按钮🟦，选择"A_2"为阵列轴，阵列参数见图7-49。

图7-41 扫描截面

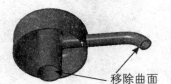

图7-42 创建的扫描特征

图7-43 圆角边

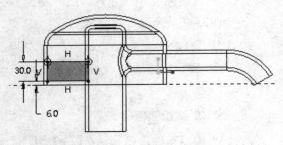

图7-44 创建的倒圆角特征

图7-45 移除的曲面

图7-46 创建的第二个抽壳特征

图7-47 草绘截面

图7-48 创建的拉伸特征

图7-49 阵列参数设置

注意：阵列与扫描交汇处不需生成阵列项，单击一下黑点，变白后即表示关闭了当前位置的阵列项见图7-50。

（2）完成阵列特征创建，实体见图7-51。

步骤11　保存，完成零件的设计

零件建模完成，完成的零件见图7-52，单击"保存"按钮🖫，保存三维模型。

图7-50　不需要阵列处　　图7-51　创建的阵列特征　　图7-52　完成设计的零件

7.5　实例四

此实例将完成图7-53所示零件的建模。此例的零件可以通过多次的拉伸及倒圆角，以及一次抽壳完成。

步骤1　新建零件

（1）单击"新建"按钮🗋，进入"新建"对话框。

（2）接受缺省设置，输入文件名称"prt-7-4"，单击"确定"，进入零件设计环境。

步骤2　创建第一个拉伸特征

（1）单击"拉伸"按钮🗗，选择TOP作为草绘平面，接受默认设置。

（2）绘制如图7-54所示的截面。

（3）在拉伸操控板中，选择拉伸为实体，拉伸长度为6，完成拉伸特征创建，创建的实体见图7-55。

步骤3　创建第二个拉伸特征

（1）单击"拉伸"按钮🗗，选择TOP作为草绘平面，接受默认设置。

（2）绘制如图7-56所示的截面。

（3）在拉伸操控板中，选择拉伸为实体，拉伸长度为45，完成拉伸特征创建，创建的实体见图7-57。

步骤4　创建第一个倒圆角特征

（1）单击"倒圆角"按钮🗗 倒圆角▾。修改倒圆角参数为32，选择图7-58所示的倒圆角边。

（2）完成倒圆角特征的创建，实体见图7-59。

步骤5　创建第三个拉伸特征

（1）单击"拉伸"按钮🗗，选择零件顶面作为草绘平面，接受默认设置。

（2）绘制如图7-60所示的截面。

（3）在拉伸操控板中，选择拉伸为实体，拉伸长度为8，完成拉伸特征创建，创建的实体见图7-61。

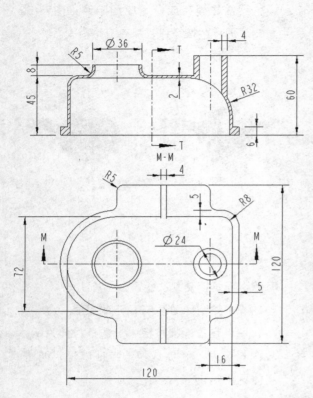

操作视频

图7-53　零件图纸

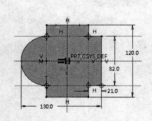

图7-54　草绘截面

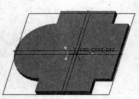

图7-55　创建的第一个
拉伸特征

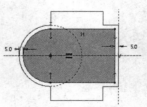

图7-56　草绘截面

图7-57　创建的第二个
拉伸特征

图7-58　圆角边

图7-59　创建的第一个
倒圆角特征

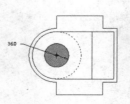

图7-60　草绘截面

图7-61　创建的第三
个拉伸特征

步骤6　创建第四个拉伸特征

（1）单击"拉伸"按钮，选择TOP作为草绘平面，接受默认设置。

（2）绘制如图7-62所示的截面。

（3）在拉伸操控板中，选择拉伸为实体，拉伸长度为60，完成拉伸特征创建，创建的实体见图7-63。

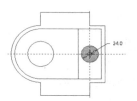

图7-62　草绘截面

图7-63　创建的第四个拉伸特征

步骤7　创建第二个倒圆角特征

（1）单击"倒圆角"按钮。修改倒圆角参数为5，要倒圆角的边见图7-64。

（2）完成倒圆角特征的创建，创建的实体见图7-65。

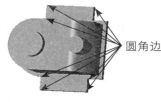

图7-64　要修剪的边

图7-65　创建的第二个倒圆角特征

步骤8　创建第三个倒圆角特征

（1）单击"倒圆角"按钮。修改倒圆角参数为8，要倒圆角的边见图7-66。

（2）完成倒圆角特征的创建，创建的实体见图7-67。

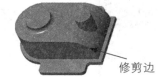

图7-66　要修剪的边

图7-67　创建的第三个倒圆角特征

步骤9　创建第四个倒圆角特征

（1）单击"倒圆角"按钮。修改倒圆角参数为13，要倒圆角的边见图7-68。

（2）完成倒圆角特征的创建，创建的实体见图7-69。

图7-68　要修剪的边

图7-69　创建的第四个倒圆角特征

步骤10　抽壳特征的创建

（1）单击"壳"按钮，进入抽壳界面，选择图7-70所示的移除曲面。

（2）修改壳的厚度为2。

（3）单击"参考"按钮，在弹出的窗口中单击非默认厚度的空白框，选择的非默认厚度曲面和厚度见图7-71。

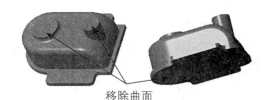

图7-70　移除的曲面

图7-71　非默认厚度曲面

（4）完成抽壳特征创建，创建的实体见图7-72。

步骤11 创建轮廓筋特征

（1）单击"轮廓筋"按钮，选择RIGHT基准平面作为草绘平面，接受默认设置。

（2）绘制如图7-73所示的截面。

（3）修改筋的厚度为4，创建的实体见图7-74。

步骤12 镜像轮廓筋特征

选择步骤11创建的轮廓筋特征，单击"镜像"按钮，选择FRONT平面为镜像平面，完成镜像的模型见图7-75。

步骤13 保存，完成零件的设计

零件建模完成，完成的零件见图7-76。单击"保存"按钮，保存三维零件。

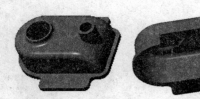

图7-72　创建的抽壳特征

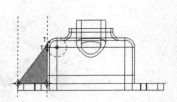

图7-73　草绘截面

图7-74　创建的第五个拉伸特征

图7-75　镜像后的实体

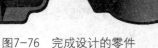

图7-76　完成设计的零件

7.6　实例五

此实例将完成图7-77所示零件的建模。从图纸可以看出，该零件为等壁厚模型，用抽壳的方式建模非常合适。

步骤1 新建零件

（1）单击按钮，进入"新建"对话框。

（2）以公制模板新建零件，输入文件名称"prt-7-5"，进零件设计环境。

步骤2 创建第一个拉伸特征

（1）选择拉伸实体的草绘平面。单击工具栏上的"拉伸"命令，以TOP基准面作为草绘平面，选择RIGHT平面作为向"右"的方向参考，进入草绘环境。见图7-78。

（2）绘制图7-79所示的截面，按要求标注必要尺寸。

（3）完成截面后单击"确定"，退出草绘模式，返回到"拉伸"操控板，采用默认的"拉伸实体"类型，设置拉伸方式为，设

操作视频

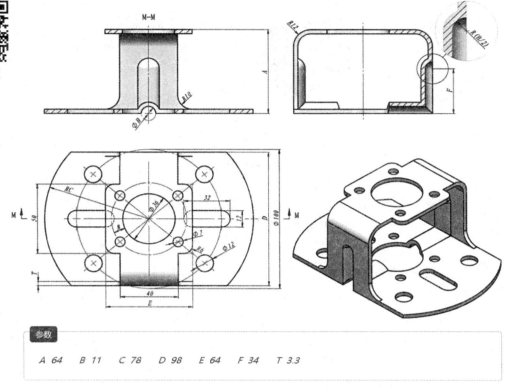

参数

A 64   B 11   C 78   D 98   E 64   F 34   T 3.3

图7-77　零件图纸

查看草绘
的方向

草绘平面

草绘的方向参考

图7-78　草绘平面选取

定拉伸高度为64mm，单击✓完成拉伸特征创建，如图7-80所示。

步骤3　创建拉伸移除材料特征

（1）单击工具栏上的"拉伸"命令，选择实体的上表面作为草绘平面，（图7-81）。选择RIGHT平面为向"右"的方向参考，进入

草绘环境。

（2）单击"草绘视图"按钮🔧，正视于草绘平面，单击"参考"按钮，选择圆弧边和两条水平边线作为参考对象，见图7-82。

（3）绘制图7-83所示的截面，标注尺寸。

（4）完成截面后，退出草绘环境，返回到"拉伸"操控板，设置拉伸方式为⏚，设置拉伸深度为60.7mm，选择☑"移除材料"。如果拉伸方向反向，可以单击ⵜ按钮切换方向。完成拉伸移除材料特征创建，如图7-84所示。

步骤4　创建倒圆角特征

由于有三个不同半径的圆角特征，需要做三次倒圆角操作。

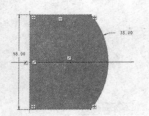

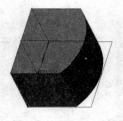

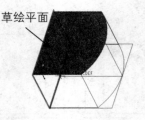

草绘平面

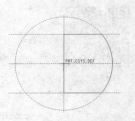

图7-79　草绘截面　　　图7-80　创建的　　　图7-81　草绘平面选取　　图7-82　参考对象选取
　　　　　　　　　　　　　　　拉伸特征

（1）第一次倒圆角。单击"模型"工具栏的"倒圆角"按钮，输入半径值6mm。

（2）选取如图7-85所示的棱边作为倒圆角目标线。

（3）完成第一次倒圆角特征创建。

（4）第二次倒圆角。单击"模型"工具栏的"倒圆角"按钮，输入半径值12mm。

（5）选取如图7-86所示的棱边作为倒圆角目标线。

（6）完成第二次倒圆角特征创建。

（7）第三次倒圆角。单击"模型"工具栏的"倒圆角"按钮，输入半径值10mm。

（8）选取如图7-87所示的棱边作为倒圆角目标线。

（9）完成第三次倒圆角特征创建。完成的倒圆角实体如图7-88所示。

步骤5　创建拉伸移除材料特征

（1）单击工具栏上的"拉伸"命令，选择实体的侧表面作为草绘平面，见图7-89。选择实体底面为向"下"的方向参考，进入草绘环境。

（2）以两条默认参考线的交点为圆心，绘制ϕ11mm的圆，如图7-90所示。

（3）完成草绘，返回到"拉伸"操控板，设置拉伸方式为贯穿所有实体，选择"移除材料"选项，完成拉伸移除材料特征的创建，完成的实体如图7-91所示。

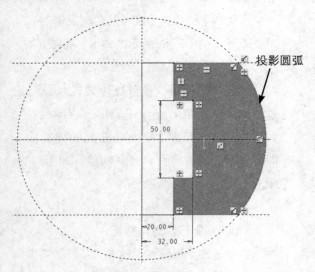

图7-83　草绘截面

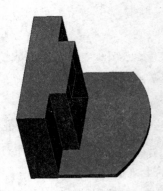

图7-84　创建的拉伸移除材料特征

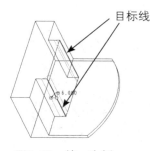

图7-85 第一次倒圆角目标线选取

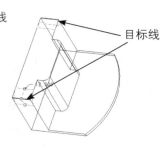

图7-86 第二次倒圆角目标线选取

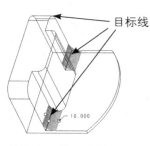

图7-87 第三次倒圆角目标线选取

图7-88 完成倒圆角的实体

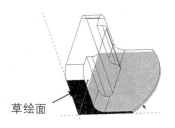

图7-89 草绘截面选取

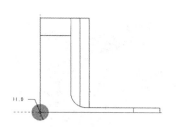

图7-90 草绘截面

图7-91 创建的拉伸移除材料特征

步骤6 创建旋转移除材料特征

（1）单击工具栏上的"旋转"命令，选择实体的侧表面作为草绘平面，选择实体底面为向"下"的方向参考，进入草绘环境，如图7-92所示。

（2）单击"中心线"按钮 中心线，创建旋转中心线（注意：旋转中心线有且仅有一条），该中心线与RIGHT平面参考线重合。草绘旋转截面并标注尺寸，如图7-93所示。

（3）完成草绘，返回到"旋转"操控板，设置旋转方式为 ，选择 "移除材料"。

（4）镜像刚刚创建的旋转移除材料特征。在模型树中选取"旋转1"特征，在单击工具栏的"镜像"按钮，选择FORNT平面作为镜像平面，完成镜像操作，创建的实体如图7-94所示。

步骤7 创建抽壳特征

（1）单击"模型"工具栏的 "壳"命令，输入厚度参数值3.3mm，选择移除的面

（按住"Ctrl"键可以选择多个面），具体选取的目标面如图7-95所示。

（2）完成抽壳特征操作，创建的实体如图7-96所示。

步骤8 创建拉伸移除材料特征

（1）单击工具栏上的"拉伸"命令，选择模型顶面为草绘平面，选择RIGHT平面为向"右"的方向参考，进入草绘环境，如图7-97所示。

（2）单击"参考"按钮 ，选择图7-98所示的三条边线作为参考线，关闭参考对话框。

（3）单击"构造模式" （该按钮为深底色即是激活状态），绘制图7-98所示的两条中心线和两个圆为草绘构造线。

（4）草绘拉伸截面。再次单击"构造模式" （该按钮为浅底色即是未激活状态）退出构造模式。绘制图7-99所示的截面，并标注尺寸。

图7-92　草绘平面选取

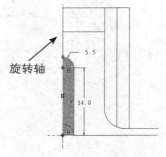

图7-93　草绘截面

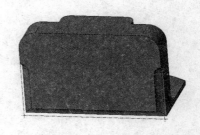

图7-94　创建的旋转移除材料特征

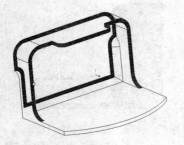

图7-95　抽壳移除面的选取

图7-96　创建的抽壳特征

图7-97　草绘平面选取

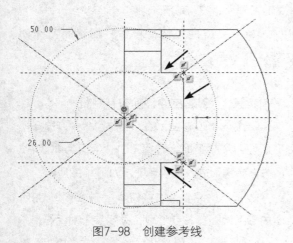

图7-98　创建参考线

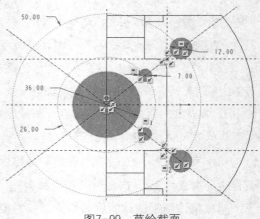

图7-99　草绘截面

（5）完成草绘，返回到"拉伸"操控板，设置拉伸方式为 ，贯穿所有实体，选择 "移除材料"。

（6）完成拉伸移除材料特征的创建，创建的实体如图7-100所示。

步骤9　创建拉伸移除材料特征

（1）单击工具栏上的"拉伸"命令，选择实体的底板上表面作为草绘平面，选择RIGHT平面为向"右"的方向参考，进入草绘环境，如图7-101所示。

图7-100 创建的拉伸移除材料特征

图7-101 草绘平面选取

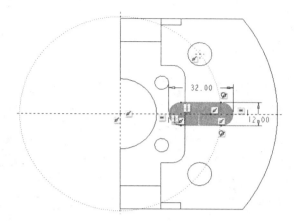

图7-102 草绘截面

（2）选取上一步创建的ϕ12mm的圆特征作为参考。绘制图7-102所示的截面。

（3）完成草绘，返回到"拉伸"操控板，设置拉伸方式为 ，贯穿所有实体，选择 "移除材料"。完成拉伸移除材料特征的创建，创建的实体如图7-103所示。

图7-103 创建的拉伸移除材料特征

图7-104 完成的模型

步骤10 镜像

单击模型树的 PRT-7-5.PRT 项目，即可选中该模型所有特征，然后单击"模型"工具栏的"镜像"工具，选择RIGHT基准平面为镜像平面，完成镜像操作。最终完成的模型如图7-104所示。

7.7 实例六

此实例将完成图7-105所示零件的建模。从综合视图可以看出，该零件的两个通管有不等厚度的特点，可以用不等厚度抽壳的方式来完成该零件。

步骤1 新建零件

（1）单击"新建"按钮，进入"新建"对话框。

（2）以公制模板新建零件，输入文件名称"prt-7-6"，进零件设计环境。

步骤2 创建第一个拉伸特征

（1）单击工具栏上的"拉伸"命令，以TOP基准面作为草绘平面，选择RIGHT平面为向"右"的方向参考，进入草绘环境，见图7-106。

（2）绘制图7-107所示的截面，截面关于水平和竖直参考分别对称，按要求标注尺寸。

（3）完成草绘，返回到"拉伸"操控板，采用默认的"拉伸实体"类型，设置拉伸方式为 ，设定拉伸高度为15mm，完成拉伸特征创建，如图7-108所示。

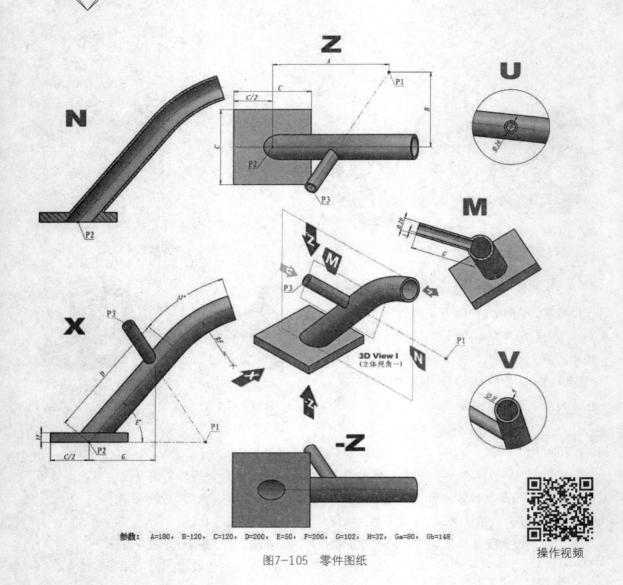

参数：A=180，B=120，C=120，D=200，E=50，F=200，G=102，H=32，Ga=80，Gb=148

图7-105　零件图纸

操作视频

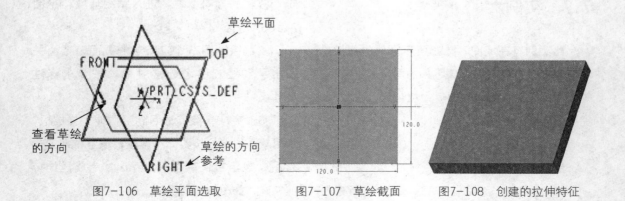

图7-106　草绘平面选取　　　图7-107　草绘截面　　　图7-108　创建的拉伸特征

步骤3　创建扫描特征

（1）草绘扫描路径。单击 "草绘" 按钮，选择FRONT基准面作为草绘平面，选择RIGHT平面为向 "右" 的方向参考，进入草绘环境。

（2）完成图7-109所示的草图，按要求标注尺寸。圆心角为32°、半径为200mm的圆弧可以创建构造线来控制其角度。

（3）完成扫描路径后，退出草绘环境。单击工具栏上的 "扫描" 命令，进入扫描操控板，然后选取刚刚创建的扫描路径，如图7-110所示。

（4）单击扫描操控板上的 "创建扫描截面" 按钮，进入截面草绘界面。以扫描路径端点为圆心，绘制φ40mm的圆，截面会自动垂直于扫描路径。如图7-111所示。

（5）完成扫描截面后，退出草绘环境。设置扫描 "选项" 为 "合并端"，完成

扫描特征的创建，创建的实体如图7-112所示。

步骤4　用拉伸命令创建支管

（1）创建基准点定出P1位置。单击 "模型" 工具栏的 偏移坐标系 按钮，选择参考坐标系 "PRT_CSYS_DEF"，输入X轴坐标180，Y轴坐标0，Z轴坐标-120，见图7-113，单击 "确定" 完成基准点PNT0创建。

（2）创建基准轴。单击 "模型" 工具栏的 轴 按钮，选择图7-114所示的圆柱面，创建改圆柱面的轴线A_1。

（3）创建基准面一。单击 "基准面" 按钮，弹出基准平面对话框，选择RIGHT平面进行偏移，输入偏移距离为102mm，创建基准平面DTM1，如图7-115所示。

（4）创建基准点PNT1。单击 "基准点" 命令，弹出基准点对话框，按住Ctrl键同时选

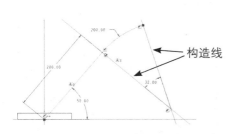

图7-109　草绘扫描路径

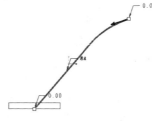

图7-110　扫描路径选取

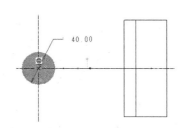

图7-111　草绘扫描截面

图7-112　创建的扫描特征

图7-113　基准点对话框

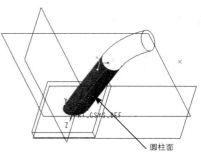

图7-114　创建基准轴A_1

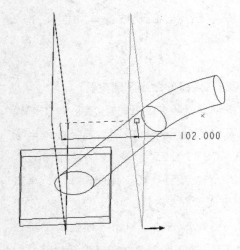

图7-115　基准面DTM1的创建

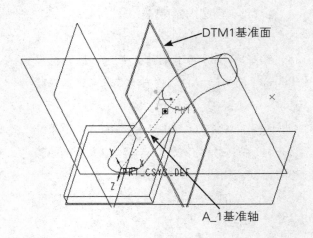

图7-116　基准点PTN1的创建

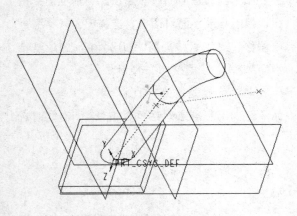

图7-117　创建基准轴A_2

图7-118　创建基准面DTM2

取DTM1基准面与A_1基准轴，在二者交点创建基准点PTN1，如图7-116所示。

（5）创建基准轴。单击"模型"工具栏的/轴按钮，选择基准点PNT0和PNT1，创建基准轴A_2。

（6）创建拉伸特征的草绘平面。单击□"基准面"按钮，弹出基准平面对话框，选择基准轴A_1（垂直）和基准点PTN1（穿过），创建出基准面DTM2，如图7-118所示。

（7）创建拉伸实体特征。单击工具栏上的拉伸命令，以基准面DTM2作为草绘平面，选择PNT1作为参考点，并以其为圆心草绘 ϕ20mm的圆，如图7-119所示。完成草绘，返回到"拉伸"操控板，接受默认的拉伸设置，输入拉伸深度为102mm，成拉伸特征创建，完成的模型如图7-120所示。

步骤5　创建抽壳特征

（1）单击"壳"命令，输入厚度为4mm，选择图7-121左图所示的三张曲面

为移除的曲面；切换到"非默认厚度"拾取框，选择图7-121右图的三张曲面为不等厚度的面，分别设定厚度参数，如图

7-121所示。

（2）完成抽壳特征创建。最终完成的模型见图7-122。

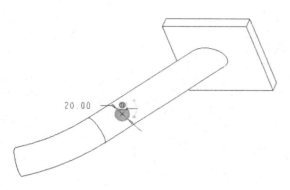

图7-119　草绘截面

图7-120　拉伸实体特征的创建

图7-121　选择抽壳参考曲面

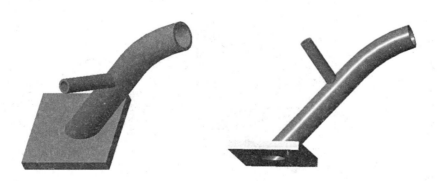

图7-122　完成的模型

7.8 练习

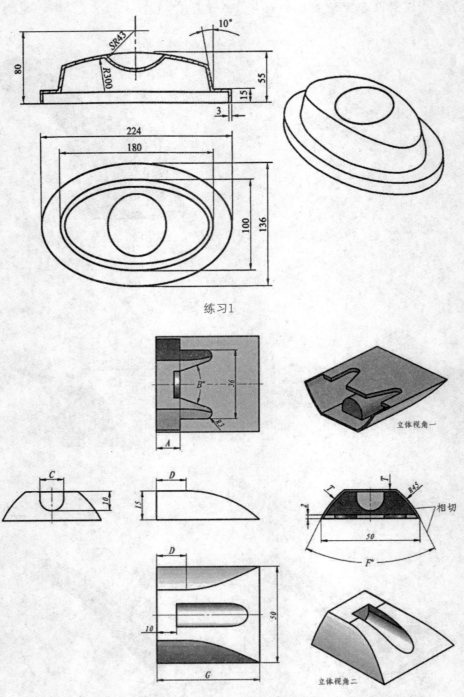

练习1

参数： A=12， B=40， C=12， D=15， T=1， F=52， G=52 模型中除标注厚度为2的区域外，厚度均为T。

练习2

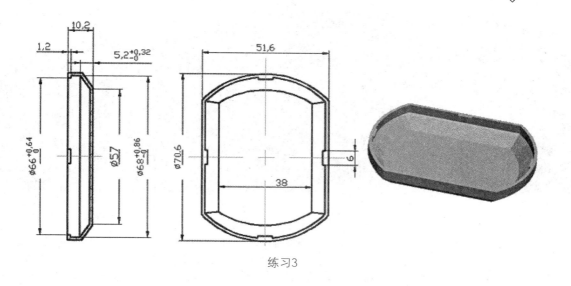

练习3

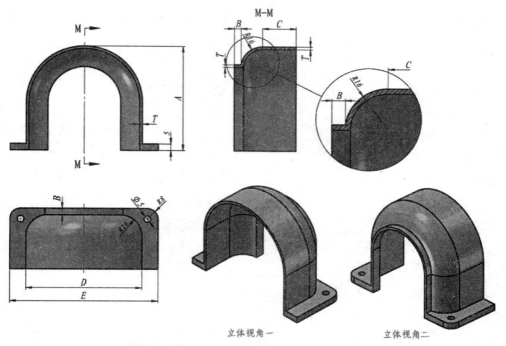

立体视角一   立体视角二

参数：   A=80； B=5； C=25； D=86； E=110； T=2

练习4

第八章
曲面建模

　　曲面具有外在的形状，是一种零厚度的几何，不占据空间体积。曲面建模提供了一组有别于实体建模的工具，例如边界混合曲面、填充曲面、样式曲面、自由式曲面等。实体建模工具也可以创建曲面特征。曲面可以进行修剪、合并、延伸、偏移加厚、实体化等编辑操作，建模灵活性强于实体，常用于一些型面复杂零件的建模。

8.1　学习目标

　　很多模型不方便直接用实体建模方法建构，曲面建模方法为零件三维建模提供了另一套功能强大的建模工具。

8.2　实例一

　　此零件的前视图和俯视图定义了零件主要形状。此零件可以利用前视图和俯视图的轮廓分别拉伸两组曲面，通过"合并"功能求取两组曲面的交集，再利用"实体化"功能转化为实体，然后通过拉伸切除、阵列、倒圆角工具创建零件上的其余特征。

操作视频

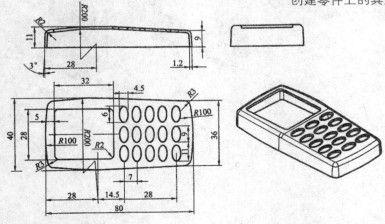

图8-1　产品图纸

步骤1　新建零件

（1）单击 按钮，进入"新建"对话框。

（2）以公制模板新建零件，输入文件名称"prt-8-1"，单击"确定"，进入零件设计环境。

步骤2　拉伸第一个曲面

（1）单击"拉伸"按钮，在出现的拉伸操控板中单击【放置】菜单，单击 定义... 按钮，弹出"草绘"对话框。选择TOP作为草绘平面，系统自动选择RIGHT作为向"右"的方向参考，见图8-2。

（2）系统会自动选择图8-3所示的RIGHT和FRONT基准平面作为绘制二维截面的参考。

（3）依照俯视图绘制图8-4所示的截面，按要求标注尺寸，完成草绘（避免在草绘环境倒圆角，一方面可以降低草图的复杂度；另一方面实体环境的"倒圆角"工具创建的倒圆角

特征灵活性高，容易参数化更改）。

（4）完成截面后，退出草绘模式，返回到"拉伸"操控板，在拉伸操控板中，单击 按钮，设置"拉伸为曲面"，设置拉伸方式为"指定的拉伸深度" ，输入拉伸长度为20（拉伸深度高于零件实际高度）。

（5）接着在操控版中单击【选项】菜单，勾选"封闭端"选项。

（6）完成拉伸特征创建，创建的曲面见图8-5。

步骤3　拉伸第二个曲面

（1）单击"拉伸"按钮，在出现的拉伸操控板中单击【放置】菜单，单击 定义... 按钮，弹出"草绘"对话框。选择FRONT作为草绘平面，系统自动选择RIGHT作为向"右"的方向参考，单击 草绘 按钮进入草绘界面，见图8-6。

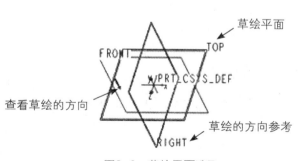

图8-2　草绘平面选取

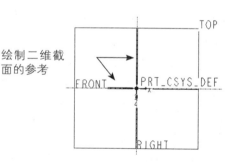

图8-3　绘制截面的参考

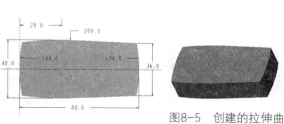

图8-4　草绘截面

图8-5　创建的拉伸曲面特征

图8-6　草绘平面的选择

（2）依照前视图绘制第二个曲面截面，见图8-7（注：绘制的是零件外轮廓，故有些尺寸需要加上零件壁厚）。

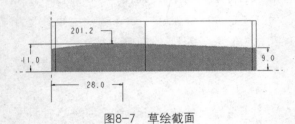

图8-7　草绘截面

（3）在拉伸操控板中单击 📷 按钮，设置拉伸方式为 ⬛，输入拉伸深度为50（拉伸深度大于零件实际宽度）。完成拉伸特征创建，如图8-8所示。

步骤4　曲面转变实体

（1）按住"Ctrl"键，选择拉伸好的两个曲面，单击 🔲合并 按钮，进入合并功能操控板，通过调整方向 ✕✕ 按钮，使得两曲面保留区域如图8-9所示。单击 ✓ 完成合并。

（2）单击合并后的曲面，单击 💾实体化 按钮，进入实体化操控板，接受缺省选项，单击确定即可把曲面转化成实体。

步骤5　拔模

单击 🔲拔模 ▾ 按钮，进入"拔模"操控板，在操控板中单击【参考】菜单，单击"拔模曲面"下的 🔘选择项 选择拔模的曲面，见图8-10。单击"拔模枢轴"选择实体底面，输入拔模角度3，见图8-11。

步骤6　倒圆角特征

（1）单击 🔲倒圆角 ▾ 按钮，进入倒圆角操控板，把圆角值改成R3，再按着"Ctrl"键依次点选图8-12所示的倒圆角边，完成倒圆角。

（2）单击 🔲倒圆角 ▾ 按钮，进入倒圆角操控板，把圆角值改成R3.2，点选图8-13所示的倒圆角边，完成倒圆角。

步骤7　抽壳

单击 🔲壳 按钮，进入壳操控板，点选零件地面为"移除曲面"，输入壳厚1.2，完成壳特征。见图8-14。

步骤8　拉伸切除材料一

（1）单击"拉伸"按钮，选择TOP作为草绘平面，系统自动选择RIGHT作为向"右"的方向参考。进入草绘环境。

图8-8　创建的拉伸
　　　　曲面特征

图8-9　实体化特征

图8-10　拔模曲面

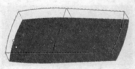

图8-11　拔模枢轴

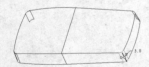

图8-12　倒R3圆角

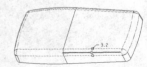

图8-13　倒R3.2圆角

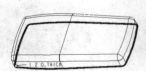

图8-14　抽壳特征创建

（2）绘制图8-15所示的拉伸截面，标注图示尺寸。

（3）完成草图，进入拉伸操控板。设置拉伸方式为"拉伸至与所有曲面相交" ；并单击 按钮，选择"移除材料"。完成拉伸切除材料一，见图8-16。

步骤9　拉伸切除材料二

（1）单击"拉伸"按钮，选择TOP作为草绘平面，系统自动选择RIGHT作为向"右"的方向参考。进入草绘环境。

（2）绘制图8-17所示的拉伸截面，标注图示尺寸。

（3）完成草图，进入拉伸操控板。设置拉伸方式为 ；并单击 按钮，选择"移除材料"，完成拉伸切除材料二，见图8-18。

步骤10　阵列

（1）选中拉伸切除材料二特征，再单击"阵列"命令，进入阵列操控板。

（2）选择阵列方式为"方向"；选择第一方向参考为FRONT基准平面，成员数为3，成员间距为11；选择第二方向参考为RIGHT基准平面，成员数为5，成员间距为7。见图8-19。

（3）完成阵列，完成的模型见图8-20。

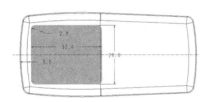

图8-15　草绘截面

图8-16　创建拉伸切除特征

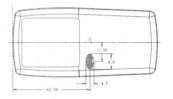

图8-17　草绘截面

图8-18　创建的拉伸切除特征

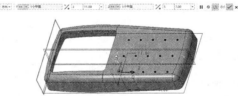

图8-19　创建阵列特征

图8-20　完成的模型

8.3　实例二

研究此零件的三个视图，去除各圆角后，虽然此零件类似柱状体，但还是无法用单一的Creo工具建模。针对这个零件，可以用俯视图的轮廓拉伸曲面，再以主视图的上边线为扫描路径，左视图的上边线为截面扫描曲面。最后以扫描曲面修建拉伸曲面，即可形成零件主题形状。

步骤1　新建零件

（1）单击 按钮，进入"新建"对话框。

（2）接受缺省设置，输入文件名称"prt-8-2"，单击"确定"键，进入零件设计环境。

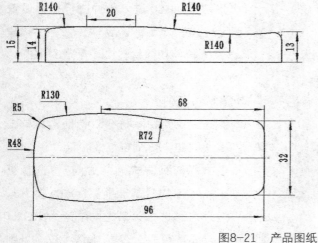

操作视频

图8-21　产品图纸

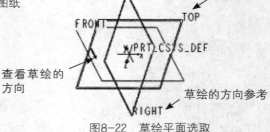

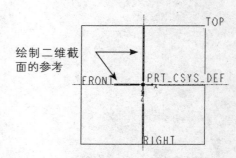

步骤2　拉伸封闭曲面

（1）单击"拉伸"按钮，选择TOP作为草绘平面，系统自动选择RIGHT作为向"右"的方向参考，见图8-22。

图8-22　草绘平面选取

（2）进入草绘环境，系统自动选择图8-23所示的RIGHT和FRONT基准平面作为绘制二维截面的参考。

（3）依照俯视图绘制图8-24所示的截面，标注尺寸，完成草绘，返回拉伸操控板（圆角留到实体环境用倒圆角工具创建，便于后续更改，并减小草图的绘制难度）。

（4）在拉伸操控板中，单击 按钮，选择拉伸为曲面。设置拉伸方式为"指定的拉伸深度" ，输入拉伸深度为50（拉伸深度大于零件实际高度）。

（5）在拉伸操控版中单击【选项】菜单，勾选"封闭端"选项。

（6）完成拉伸特征创建，创建的曲面见图8-25。

步骤3　扫描顶部曲面

（1）首先绘制扫描轨迹线。单击"草绘"

图8-23　绘制截面的参考

按钮，选择FRONT平面作为草绘平面，见图8-26。系统自动选择RIGHT为向"右"的方向参考，见图8-27。

（2）进入草绘界面。绘制图8-28所示的扫描轨迹线（轨迹两端不倒圆角，留到实体中倒圆角），完成草绘。

（3）选择上一步绘制的扫描轨迹线，再单击扫描 扫描▼ 按钮，进入扫描操控板，确认图8-29的扫描方向（单击箭头可以切换扫描方向）。

（4）单击扫描操控板的"创建或编辑扫描截面"按钮 🗹，进入绘制扫描截面界面，依照图纸左视图上边线绘制图8-30所示的扫描截面，标注尺寸（扫描截面曲线大于模型的宽度）。完成扫描截面，扫描曲面预览见图8-31。

（5）为了可靠裁剪拉伸曲面，分别双击扫

描轨迹线两端的"0.0"尺寸，修改为"5.0"，将扫描曲面两端各延伸5mm，见图8-32。

（6）完成扫描特征。

（7）按着"Ctrl"键，点选扫描曲面特征和拉伸曲面特征，单击"模型"工具栏的"合并"按钮 ，进入曲面合并操控板，通过调整方向 ✗/✗ 按钮，使两曲面保留区域如图8-33所示。完成曲面合并。

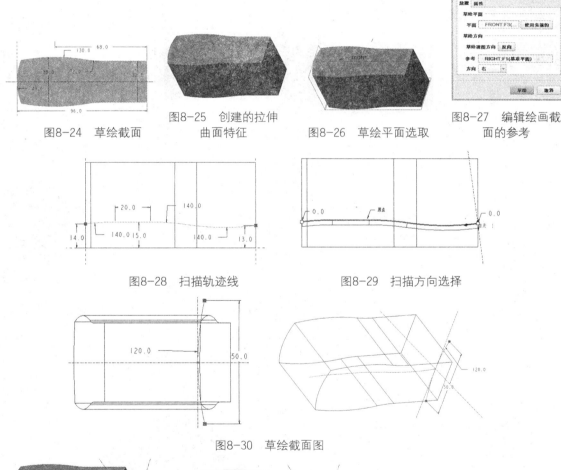

图8-24　草绘截面

图8-25　创建的拉伸曲面特征

图8-26　草绘平面选取

图8-27　编辑绘画截面的参考

图8-28　扫描轨迹线

图8-29　扫描方向选择

图8-30　草绘截面图

图8-31　扫始扫描曲面特征图

图8-32　修改后扫描曲面特征图

图8-33　合并后曲面

（8）点选合并后的曲面，单击"模型"工具栏的"实体化"按钮 ⛶ 实体化，进入实体化操控板，接受默认设置，单击确定即可把曲面转化成实体。

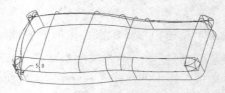

图8-34　倒圆角

步骤4　倒圆角

单击"模型"工具栏的"倒圆角"按钮 🔵 倒圆角 ▾ ，进入倒圆角操控板，把圆角值改成5，依次选择图8-34所示倒圆角边。完成倒圆角，最终完成的实体模型见图8-35。

图8-35　完成的最终模型

8.4　实例三

此零件属于典型的曲面建模例子，用实体建模很烦琐。用曲面建模工具建构模型，相对而言较为简洁。

步骤1　新建零件

（1）单击 按钮，进入"新建"对话框。

（2）接受缺省设置，输入文件名称"prt-8-3"，单击"确定"键，进入零件设计环境。

操作视频

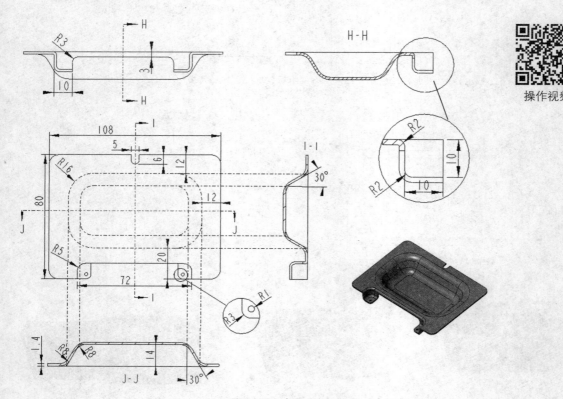

图8-36　产品图纸

步骤2 创建曲面

（1）单击"草绘"按钮，选择TOP作为草绘平面，系统自动选择RIGHT作为向"右"的方向参考，见图8-37。

（2）进入草绘环境。绘制图8-38所示截面，标注图示尺寸，完成草绘。

（3）选中"草绘1"，单击"模型"工具栏的"填充"按钮 □ 填充，以"草绘1"为边界创建平整曲面，见图8-39。

步骤3 创建凹槽一

选中填充曲面，单击"模型"工具栏的"偏移"按钮 偏移，进入"偏移"操控板，选择偏移方式为"具有拔模特征" 。选择【参考】菜单，单击草绘"定义"按钮，选择TOP基准平面作为草绘平面，系统自动选择RIGHT作为向"右"方向参考。进入草绘环境，绘制图8-40所示截面。完成草绘，返回"偏移"操控板，设置偏移值为14，拔模角度为30°。完成偏移特征，结果见图8-41。

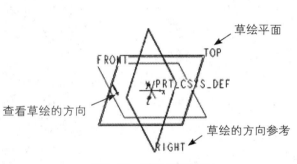

图8-37 草绘平面选取

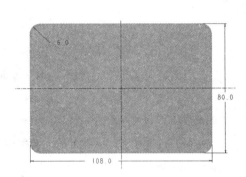

图8-38 草绘截面

图8-39 填充曲面特征

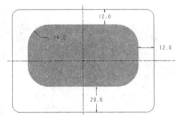

图8-40 偏移草绘

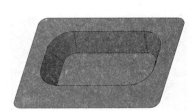

图8-41 创建的偏移特征

步骤4 创建凹槽二

选中曲面，单击 偏移 按钮，进入"偏移"操控板，选择偏移方式为"具有拔模特征" 。定义草绘，选择TOP基准平面作为草绘平面，系统自动选择RIGHT作为向"右"方向参考。进入草绘环境，绘制图8-42所示截面。完成草绘，返回"偏移"操控板，设置

偏移值为10，拔模角度为0°。完成偏移特征，结果见图8-43。

步骤5 倒圆角

（1）单击 倒圆角 ▼ 按钮，进入倒圆角操控板，把圆角值改成8，选择图8-44所示的倒圆角边，完成倒圆角特征。

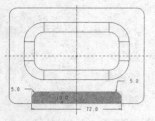

图8-42　偏移草绘

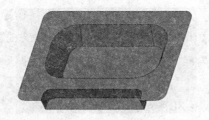

图8-43　创建的偏移特征

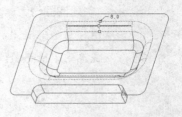

图8-44　倒R8圆角

（2）单击 倒圆角 ▼ 按钮，进入倒圆角操控板，把圆角值改成2，选择图8-45所示的倒圆角边，完成倒圆角特征。

步骤6　曲面转化实体

选中创建好的曲面，单击"模型"工具栏的"加厚"按钮 加厚。输入厚度1.4，通过 调整方向，使加厚方向向下（即TOP平面下方）。完成加厚特征，曲面转变成等厚实体，见图8-46。

步骤7　拉伸切除材料

（1）单击"拉伸"按钮，在出现的拉伸操控板中单击【放置】菜单，单击 定义... 按钮，弹出"草绘"对话框。选择如图8-47所示的平面作为草绘平面，系统自动选择RIGHT作为向"右"的方向参考。

（2）进入草绘环境，绘制图8-48所示截面。

（3）完成草绘，返回拉伸操控板，设置拉伸方式为 上，拉伸长度为11.4，并单击"移除材料"按钮 。完成拉伸切除材料特征，结果见图8-49。

图8-45　倒R2圆角

图8-46　创建加厚后的特征

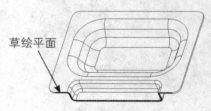

草绘平面

图8-47　草绘平面选择

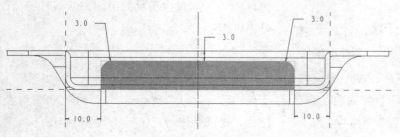

图8-48　拉伸切割截面

图8-49　拉伸切除

步骤8 倒圆角

单击 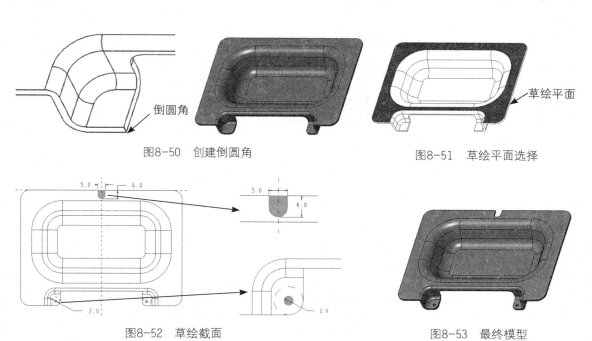 倒圆角 ▾按钮，进入倒圆角操控板，把圆角值改成3，选择图8-50左图所示倒圆角边。完成倒圆角特征，结果见图8-50右图。

步骤9 拉伸切除材料

（1）单击"拉伸"按钮，在出现的拉伸操控板中单击【放置】菜单，单击 定义... 按钮，弹出"草绘"对话框。选择如图8-51所示的平面作为草绘平面，系统自动选择RIGHT作为向"右"的方向参考。

（2）进入草绘环境，绘制图8-52所示截面，标注尺寸。

（3）完成草绘，返回拉伸操控板，设置拉伸方式为 非，并单击"移除材料"按钮 ☑。完成拉伸切除材料特征，结果见图8-53。

图8-50 创建倒圆角

图8-51 草绘平面选择

图8-52 草绘截面

图8-53 最终模型

8.5 实例四

本例的零件形状较为复杂，必须以曲面的方式建构图纸见图8-54。

步骤1 新建零件

（1）单击 □ 按钮，进入"新建"对话框。

（2）接受缺省设置，输入文件名称"prt-8-4"，单击"确定"，进入零件设计环境。

步骤2 扫描曲面

（1）单击"草绘"按钮，选择FRONT作为草绘平面，系统自动选择RIGHT作为向"右"的方向参考，见图8-55。

（2）进入草绘环境，绘制图8-56所示截面，标出尺寸。完成草绘，见图8-57。

（3）选中上一步绘制的曲线，单击 扫描 ▾按钮，进入"扫描"操控板，选择扫描轨迹的方向见图8-58（单击箭头即可改变扫描方向）。

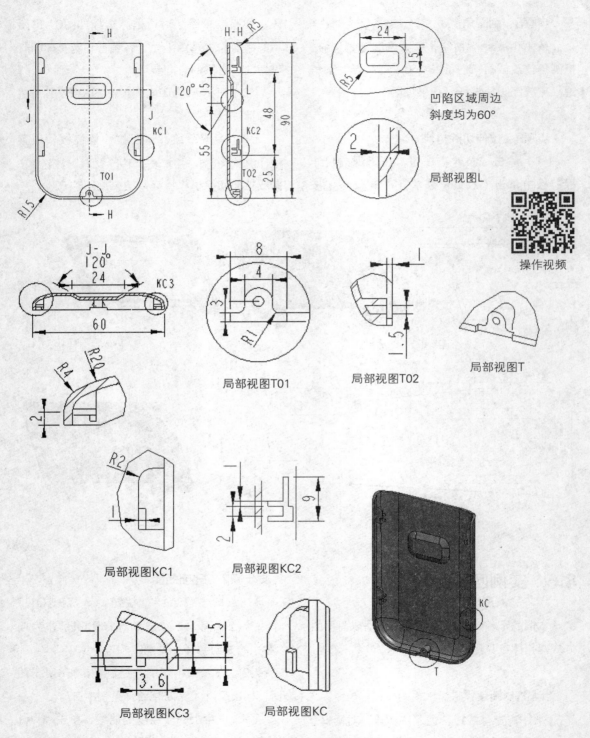

凹陷区域周边
斜度均为60°

局部视图L

操作视频

局部视图T01

局部视图T02

局部视图T

局部视图KC1

局部视图KC2

局部视图KC3

局部视图KC

图8-54　产品图纸

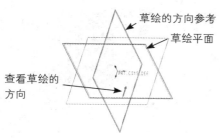

图8-55 草绘平面选取

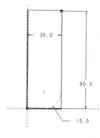

图8-56 扫描轨迹

图8-57 创建好
的草绘图

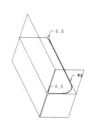

图8-58 选择
扫描轨迹

（4）单击"扫描"操控板"创建或编辑扫描截面"按钮，进入草绘环境，绘制图8-59所示的扫描截面。

（5）完成草绘。返回"扫描"操控板，接受缺省设置。完成扫描曲面创建，结果见图8-60。

步骤3　镜像曲面

选择创建好的曲面，单击"镜像"按钮。点选RIGHT平面作为镜像平面，见图8-61。完成镜像，结果见图8-62。

步骤4　合并曲面

按着"Ctrl"键，选中扫描曲面和镜像曲面，单击"模型"工具栏的"合并"按钮，单击✓按钮完成曲面合并。

步骤5　填充平整曲面

（1）单击"模型"工具栏的"创建基准平面"按钮，按住"Ctrl"键选择图8-63所示的2条边线。单击"确定"完成基准平面的创建，见图8-64。

（2）单击"模型"工具栏的"草绘"按钮，选择刚创建的基准平面DTM1作为草绘平面，系统自动选择RIGHT作为向"右"的方向参考。

（3）进入草绘环境，绘制图8-65所示截面，完成草绘。

（4）选中画好的"草绘2"，单击"模型"工具栏的"填充"按钮，生成图8-66所示平整曲面。

步骤6　合并曲面

按住"Ctrl"键，选中"合并1"曲面和"填充1"曲面，单击"模型"工具栏的"合并"按钮。单击✓按钮，完成曲面合并。

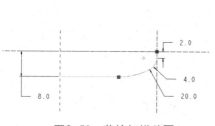

图8-59 草绘扫描截面

图8-60 创建的
扫描特征

镜像平面

图8-61 镜像平
面选择

图8-62 创建的镜
像特征

2直线

图8-63 创建平面条件
的选择

创建的平面

图8-64 创建的平面

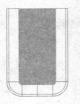

图8-65 草绘截面

填充的曲面

图8-66 创建的填充特征

步骤7 偏移凹槽

选中合并后曲面，单击 偏移 按钮，进入"偏移"操控板，偏移方式选择"具有拔模特征" 。选择【参考】菜单，定义草绘，选择填充的曲面（图8-67）为草绘平面，系统自动选择RIGHT作为向"下"方向参考。进入草绘环境，绘制图8-68所示截面。完成草绘，返回"偏移"操控板。设置偏移值为2，拔模角度为60°。完成偏移特征，见图8-69。

步骤8 曲面加厚

选择曲面，单击"模型"工具栏的"加厚"按钮 加厚 。输入厚度1.3，通过 调整方向，使加厚方向朝内加厚（因前面所绘图的尺寸为零件外轮廓）。单击 完成加厚特征，曲面转变为实体。

草绘平面

图8-67 草绘平面的选择

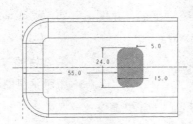

5.0

24.0

55.0

15.0

图8-68 草绘截面

图8-69 创建的偏移特征

步骤9 创建零件底部结构

（1）单击"拉伸"按钮，在出现的拉伸操控板中单击【放置】菜单，单击 定义... 按钮，弹出"草绘"对话框。选择如图8-70所示的平面作为草绘平面，系统自动选择RIGHT作为向"右"的方向参考。

（2）进入草绘环境，绘制图8-71所示截面。

（3）完成截面后，退出草绘模式，返回到"拉伸"操控板，在拉伸操控板中设置拉伸方式为"拉伸到选定的点、曲线、平面和曲面" ，选中图8-70所示的曲面。完成拉伸特征，结果见图8-72。

（4）单击"拉伸"按钮，在出现的拉伸操控板中单击【放置】菜单，单击 定义... 按钮，弹出"草绘"对话框。仍旧选择如图8-70所示的平面作为草绘平面，系统自动选择RIGHT作为向"右"的方向参考。

（5）进入草绘环境，绘制图8-73所示截面。

（6）完成截面后，退出草绘模式，返回到"拉伸"操控板，在拉伸操控板中设置拉伸方式为"指定的拉伸深度" ⊥，输入拉伸深度为1，单击移除材料按钮 ⟋。完成拉伸特征，结果见图8-74。

步骤10 创建零件的安装结构

（1）单击"平面"按钮，创建基准平面。选择图8-75所示侧面作为参考，输入偏移量

3.6，单击"确定"得到基准平面DTM3。

（2）单击"拉伸"按钮，在出现的拉伸操控板中单击【放置】菜单，单击"定义"按钮，弹出"草绘"对话框。选择刚创建好的基准平面DTM3为草绘平面，系统自动选择TOP作为向"左"的方向参考。

拉伸至此曲面　　草绘平面

图8-70　草绘平面的选择

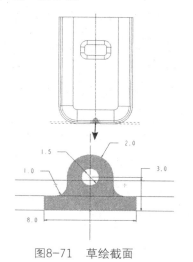

图8-71　草绘截面

图8-72　创建的拉伸特征

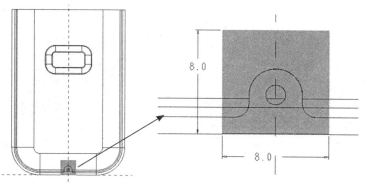

图8-73　草绘截面

图8-74　创建的拉伸特征

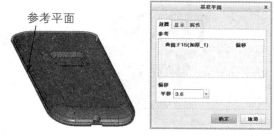

参考平面

图8-75　创建平面的参考

（3）进入草绘环境，绘制图8-76所示截面。

（4）完成截面后，退出草绘模式。返回到"拉伸"操控板，在拉伸操控板中设置拉伸方式为"拉伸到选定的点、曲线、平面和曲面" ⊥，选中图8-77所示的圆角曲面，完成拉伸特征，结果见图8-78。

（5）再次单击"拉伸"按钮，在出现的拉伸操控板中单击【放置】菜单，单击"定义"按钮，弹出"草绘"对话框。选择图8-79所示的草绘平面。

（6）进入草绘环境，绘制图8-80所示截面。

（7）完成截面后，退出草绘模式。返回到"拉伸"操控板，在拉伸操控板中设置拉伸方式为"指定的拉伸深度"，输入拉伸深度为1。完成拉伸特征，结果见图8-81。

（8）再次创建拉伸特征。选择如图8-79所示的平面作为草绘平面。

（9）进入草绘环境，绘制图8-82所示截面。

（10）完成截面后，退出草绘模式。返回到"拉伸"操控板，在拉伸操控板中设置拉伸方式为"拉伸到选定的点、曲线、平面和曲面"⊥，选中图8-83所示的平面。完成拉伸特征，结果见图8-84。

（11）单击 倒圆角 ▼ 按钮，进入倒圆角操控板，设置倒圆角值为2，选择图8-85所示倒圆角边。完成倒圆角特征，见图8-85。

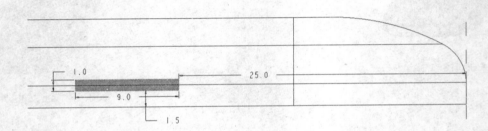

图8-76 草绘截面

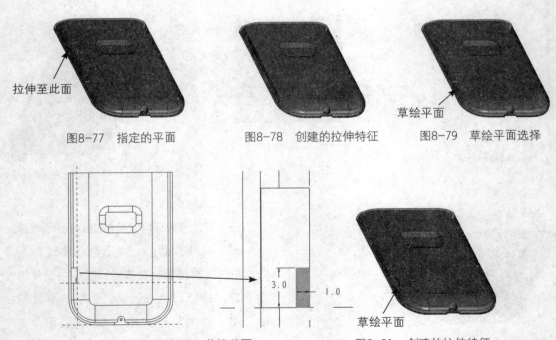

拉伸至此面

图8-77 指定的平面

图8-78 创建的拉伸特征

草绘平面

图8-79 草绘平面选择

图8-80 草绘截面

草绘平面

图8-81 创建的拉伸特征

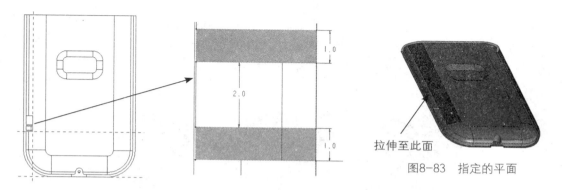

图8-82 草绘截面

图8-83 指定的平面
拉伸至此面

图8-84 创建的拉伸特征

图8-85 创建的倒圆角特征

步骤11 阵列

（1）按住"Ctrl"键，在"模型树"中选中"拉伸9、拉伸10、拉伸11、倒圆角4"四个特征，单击快捷工具栏的"分组"按钮 ，将这四个特征归为一个特征组。

（2）在"模型树"中选中"组 ▸组LOCAL_GROUP，单击快捷工具栏的"阵列"按钮 ，进入阵列操控板。选择"方向"，使用方向定义阵列成员，再单击TOP平面作为方向参考。输入成员数2，成员间距48，见图8-86。单击 完成阵列，阵列结果见图8-87。

步骤12 镜像阵列特征

在"模型树"中选中 ▸阵列1/LOCAL_GROUP，单击快捷工具栏的"镜像"按钮 。选择FRONT平面作为镜像平面，见图8-88。单击 完成组特征镜像，结果见图8-89。

图8-86 阵列参数设置

图8-87 创建的阵列特征

图8-88 镜像平面
镜像平面

步骤13 倒圆角

单击" ⚪倒圆角 ▼ "按钮，进入倒圆角操控板。设置倒圆角值为5，选择图8-91所示的倒圆角边。单击✔完成倒圆角，倒圆角后的最终模型见图8-90。

图8-89 创建的镜像特征　　　　　　　　　图8-90 倒圆角

8.6 实例五

此实例提出一个比较有趣味性的问题，将通过曲面建模的方式解决此问题。

问题：如图所示容器，从圆锥顶点发出一束光照射到容器内侧底部。求：①容器容积。②光斑面积。

序号	A	B	C	D	E	F	G	参考体积	参考面积
参数	17	22	32	40	200	5	240	2068379	6474.41

步骤1 新建零件

（1）单击"新建"按钮，进入"新建"对话框。

（2）以公制模板新建零件，输入文件名称"prt-8-5"，进零件设计环境。

步骤2 创建旋转特征

（1）单击"模型"工具栏的"旋转"命令 ♣。单击"加厚草绘"选项▢，输入厚度值为5mm，选择FRONT基准面作为草绘平面，系统自动选取RIGHT平面为"右"的方向参考。

（2）进入草绘环境，绘制图8-92所示的截面，按要求标注尺寸。

（3）完成截面后，退出草绘模式。返回到"旋转"操控板，接受缺省的旋转设置，单击✔完成旋转特征创建，如图8-93所示。

步骤3 拉伸创建容器耳

（1）单击"模型"工具栏上的"拉伸"命令。选择实体的上表面作为草绘平面。进入草绘环境。

（2）绘制图8-94所示的截面，按要求标注尺寸。

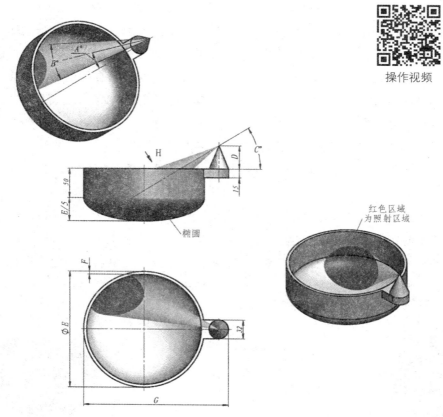

图8-91　模型图纸

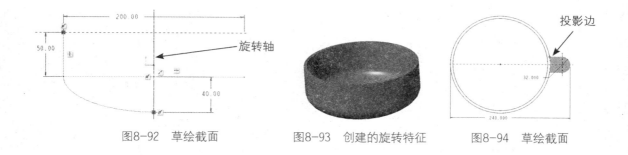

图8-92　草绘截面　　　　图8-93　创建的旋转特征　　　　图8-94　草绘截面

（3）完成截面后，退出草绘模式。返回到"拉伸"操控板，采用默认的设置，输入拉伸深度为15，单击✓完成拉伸特征创建，如图8-95所示。

步骤4　用旋转特征创建圆锥体

（1）单击工具栏上的"旋转"命令。选

择FRONT基准面作为草绘平面，接受默认的方向参考。

（2）进入草绘环境，绘制图8-96所示的截面。

（3）完成截面后，退出草绘模式。返回到"旋转"操控板，采用默认旋转设置。单击✓完成旋转特征创建，如图8-95所示。

步骤5 用旋转工具创建光束曲面

（1）创建基准面DTM1。单击"平面"按钮，选择圆锥旋转轴（穿过）和TOP基准面（偏移），输入偏移角度为17°，创建基准面DTM1，如图8-98所示。

（2）草绘参考线。单击"草绘"命令，选择FRONT基准面作为草绘平面，接受默认的方向参考。进入草绘环境，绘制如图8-99所示线段。

（3）创建基准面DTM2。单击"平面"按钮，选择上一步创建的草绘曲线（穿过）和FRONT基准面（垂直），创建基准面DTM2，如图8-100所示。

（4）创建基准轴A_3。单击"轴"命令，选择基准面DTM1(穿过)和基准面DTM2（穿过），创建基准轴A_3，如图8-101所示。

（5）创建旋转曲面特征。单击"模型"工具栏的"旋转"命令。选择DTM1基准面作为草绘平面，选择TOP平面为向"上"的方向参考。进入草绘环境。绘制一条与A_3重合的"中心线"作为旋转轴，绘制图8-102所示截面。

（6）完成截面后，退出草绘模式。返回到"旋转"操控板，选择"作为曲面旋转" ，完成旋转特征创建。完成的光束曲面如图8-103所示。

图8-95 创建的拉伸特征

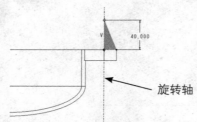

图8-96 草绘截面

图8-97 创建的旋转特征

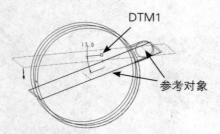

图8-98 创建DTM1基准面

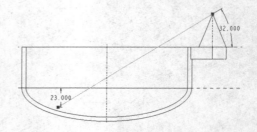

图8-99 草绘截面

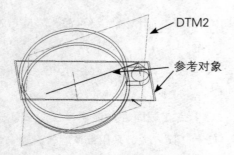

图8-100 创建DTM2基准面

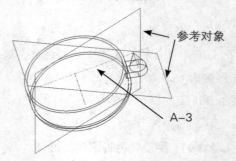

图8-101 创建基准轴

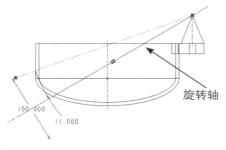

图8-102　创建旋转曲面

图8-103　旋转创建光束曲面

步骤6　创建投影面

（1）按住"Ctrl"键选择图8-104所示的两张曲面，按快捷键（Ctrl+C）复制所选择的曲面，接着按快捷键（Ctrl+V）粘贴刚复制的曲面，单击✅完成复制曲面操作。

（2）在模型树中选择刚刚创建的面组🗂复制1，接着单击"模型"工具栏的"修剪"命令🗗，选择光束曲面，单击曲面操控板上🖊按钮，选择合适保留侧，如图8-105所示，单击✅完成修剪曲面操作。

步骤7　测量光斑面积

（1）在模型树中选择光束曲面特征🔅旋转3，在快捷工具栏中单击"隐藏"按钮👁，隐藏该特征。

（2）单击"分析"工具栏的"测量"按钮🖊，选择面积测量工具⊠，操控板如图8-106所示。选择图8-107所示的修剪面组作为测量对象，测量结果如图8-107所示。

步骤8　测量容积

（1）在"模型树"中将"在此插入"拉至"旋转1"特征之后，见图8-108。

（2）单击"分析"工具栏的"测量"按钮🖊，选择体积测量工具🗗，系统直接测量所有实体的体积，测量结果如图8-109所示。

（3）修改"旋转1"特征的截面为封闭轮廓。在模型树中选中"旋转1"特征，在弹出的快捷工具栏中单击"编辑定义"按钮🖌。在"旋转"操控板中单击【放置】菜单，单击"编辑"按钮。修改旋转截面如图8-110所示。完成草绘，返回"旋转"操控板。取消"加厚草绘"选项。完成"旋转1"特征修改。

（4）单击"分析"工具栏的"测量"按钮🖊，选择体积测量工具🗗，系统直接测量所有实体的体积，测量结果如图8-111所示。

（5）求取两次体积测量的差值，即为容器容积2068379。

（6）单击"撤销"按钮↶，恢复零件原状。

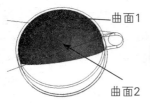

图8-104　复制曲面

图8-105　修剪面

图8-106　操控板参数

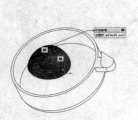

图8-107 面积测量

图8-108 调整插入点

图8-109 测量体积

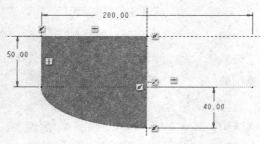

图8-110 修改"旋转1"截面

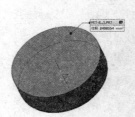

图8-111 测量体积

8.7 练习

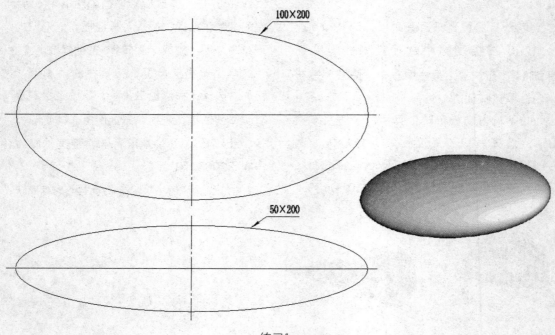

练习1

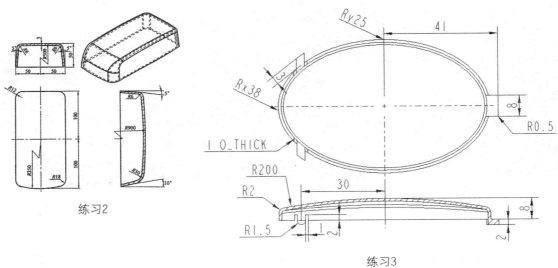

练习2

练习3

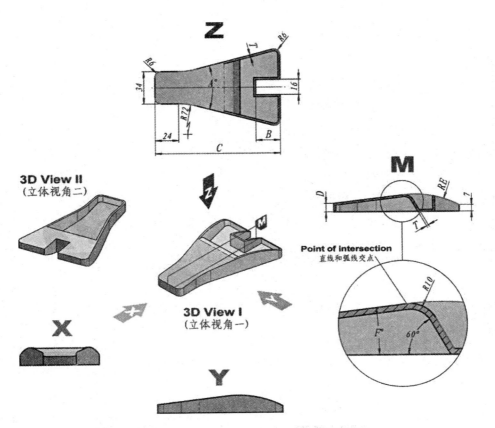

3D View II
（立体视角二）

3D View I
（立体视角一）

M

Point of intersection
直线和弧线交点

X

Y

Z

参数： A=30， B=25， C=128， D=9， E=96， F=7， T=2　　其他：模型中壁厚均为T

练习4

第九章
高级命令应用

PPT课件　　资源包

边界混合曲面、变截面扫描特征、螺旋扫描特征及扫描混合特征是Creo建模使用频率很高的高级建模工具。本部分将详细讲解这几种建模工具的用法。

9.1　学习目标

掌握边界混合工具对边界的要求、边界控制点的对齐、边界的约束条件设置等；掌握变截面扫描工具对轨迹和截面的要求、截面与轨迹的关系、截面变化的方法等；掌握螺旋扫描工具对轨迹和截面的要求、截面与轨迹的关系等；掌握扫描混合工具对轨迹和截面的要求、截面与轨迹的关系等。并理解上述高级建模工具的用途及特点。

操作视频

9.2　实例一

此实例将完成图9-1所示零件的绘制。主要运用Creo边界混合曲面创建零件复杂型面，涉及边界混合曲面的边界约束及其对边界的要求。该零件创建中也用到了螺旋扫描工具。建模流程见图9-2。

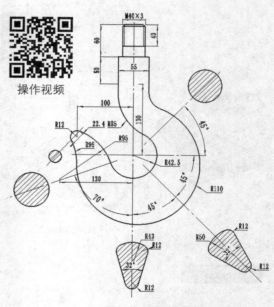

图9-1　零件图纸

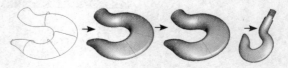

图9-2　建模流程

步骤1　新建零件

利用公制模板创建新零件，文件名称"prt-9-1"。

步骤2　创建吊钩曲面的轮廓线

（1）单击"草绘工具"绘制吊钩外形线，选择FRONT作为草绘平面。

（2）绘制图9-3所示的截面，标注尺寸并修改尺寸值，单击 ☑ ⌖坐标系显示 和 ☑ ⌂平面显示 隐藏坐标系和基准平面。

（3）单击完成草绘，见图9-4。

步骤3　创建基准平面

（1）为后续截面准备草绘平面。单击"创建基准轴工具" ⌀轴，选择TOP和RIGHT基准平面，在其交线处创建基准轴A_1，

见图9-5。

（2）单击"创建基准平面工具" ⌗，穿过前面创建的基准轴A_1，并与TOP平面夹角45°创建基准平面DTM1，见图9-6。

（3）再创建一个基准平面，同样穿过基准轴A_1，并与TOP平面夹角-45°创建基准平面DTM2，见图9-7。

（4）再创建一个基准平面，同样穿过基准轴A_1，并与RIGHT平面夹角70°创建基准平面DTM3，见图9-8。

（5）继续创建基准平面，穿过图9-9所示两个端点，并与FRONT平面垂直创建基准平面DTM4，见图9-9。

（6）穿过图9-10所示的两个端点，并与TOP平面平行创建基准平面DTM5，见图9-10。

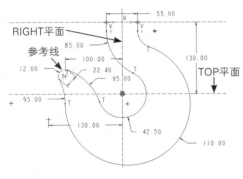

图9-3　草绘截面

图9-4　完成的轮廓线

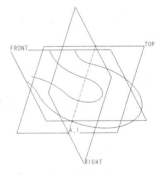

图9-5　创建的基准轴

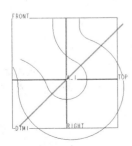

图9-6　创建的基准平面1

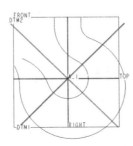

图9-7　创建的基准平面2

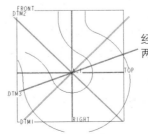

图9-8　创建的基准平面3

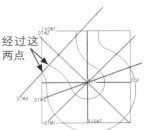

图9-9　创建的基准平面4

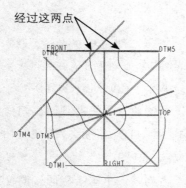

图9-10　创建的基准平面5

步骤4　创建基准点

创建用于截面绘制时定位的基准点。单击 🏵点▾ 按钮，创建基准点。分别创建DTM1、DTM2、DTM3、RIGHT基准平面与吊钩轮廓线的交点，见图9-11。

步骤5　创建吊钩曲面的骨架线

注意：在创建截面线时，读者的参考点名称和草绘方位与书中不一定相同，要根据实际情况选取参考点，确定截面的绘制位置。

（1）单击"草绘工具" 💈绘制吊钩曲面的第一条截面线。

（2）选择DTM1作为草绘平面，选择FRONT作为向"上"的参考。单击 💈草绘视图 摆正草绘视图。

（3）单击 🔲参考，选择DTM1与吊钩轮廓线的交点pnt0和pnt1作为参考。绘制图9-12所示的半圆截面。

（4）完成草绘。

（5）绘制吊钩曲面的第二条截面线。选择DTM2作为草绘平面，选择FRONT作为向"上"的参考。单击 💈草绘视图 摆正草绘视图。

（6）单击 🔲参考，选择DTM2与吊钩轮廓线的交点pnt2和pnt3作为参考。绘制图9-13所示的截面。

（7）完成草绘。

（8）绘制吊钩曲面的第三条截面线。选择RIGHT作为草绘平面，选择FRONT作为向"上"的参考。单击 💈草绘视图 摆正草绘视图。

（9）单击 🔲参考，选择RIGHT与吊钩轮廓线的交点pnt6和pnt7作为参考。绘制图9-14所示的截面。

（10）单击 ✓ 完成草绘。

（11）绘制吊钩曲面的第四条截面线。选

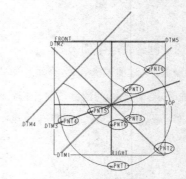

图9-11　创建基准点

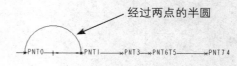

图9-12　吊钩截面一

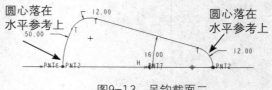

图9-13　吊钩截面二

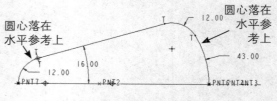

图9-14　吊钩截面三

择DTM3作为草绘平面，选择FRONT作为向"顶"的参考。单击 草绘视图 摆正草绘视图。

（12）单击 参考，选择DTM3与吊钩轮廓线的交点pnt4和pnt5作为参考。绘制图9-15所示的半圆截面。

（13）完成草绘。

（14）绘制吊钩曲面的第五条截面线。选择DTM4作为草绘平面，选择FRONT作为向"上"的参考。单击 草绘视图 摆正草绘视图。

（15）单击 参考，选择图9-16所示的轮廓线端点作为参考。绘制图9-16所示的半圆截面。

（16）完成草绘。

（17）绘制吊钩曲面的第六条截面线。选择FRONT作为草绘平面，选择RIGHT作为向"右"的参考。单击 草绘视图 摆正草绘视图。

（18）单击 参考，选择图9-17所示的轮廓线端点作为参考。绘制图9-17所示的半圆截面。

（19）单击 完成草绘。

（20）绘制吊钩曲面的第七条截面线。选

择DTM5作为草绘平面，选择RIGHT作为向"右"的参考。单击 草绘视图 摆正草绘视图。

（21）单击 参考，选择图9-18所示的轮廓线端点作为参考。绘制图9-18所示的半圆截面。

（22）单击 完成草绘。完成的吊钩曲面骨架线见图9-19。

步骤6　创建边界混合曲面

（1）单击 按钮，创建边界混合曲面。

（2）选择图9-20所示的轮廓线作为第一方向链。

（3）选择图9-21所示的轮廓线作为第二方向链。

（4）单击【约束】下拉面板，选中第一方向的"第一条链"，选择其约束方式为"垂直"，系统自动选中FRONT作为垂直的参考（当然用户也可以自行选择约束的参考），见图9-22。以同样的方法设置第一方向的"最后一条链"的约束方式为"垂直"。

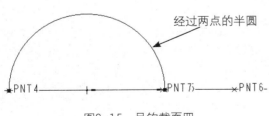

图9-15　吊钩截面四

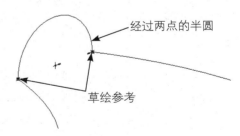

图9-16　吊钩截面五

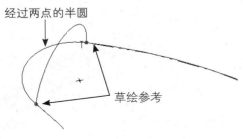

图9-17　吊钩截面六

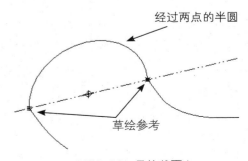

图9-18　吊钩截面七

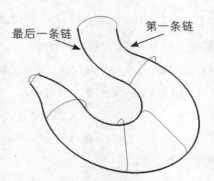

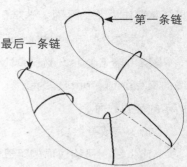

图9-19　吊钩曲面骨架线　　　　图9-20　选择第一方向链　　　　图9-21　选择第二方向链

（5）设置第二方向的"第一条链"的约束方式为"垂直"，见图9-23。在该位置边界曲面垂直DTM5基准平面。

> 提示1：边界混合曲面的边界约束可以操作该曲面的第一、第二方向的首尾曲线链，使曲面与其他曲面或基准平面垂直、相切、曲率连续。
> 提示2：选择多条链需要按着"Ctrl"键选择；如果一条链由相接的多条线组成，需要按着"Shift"键串联选取。
> 提示3：Creo的边界混合曲面不允许任何两条边界相切；不允许同一方向的边界相交；不允许边界自相交；第一方向链必须与第二方向链相交；Creo允许仅利用一个方向的链创建曲面。

（6）单击✔完成边界混合曲面创建。

（7）单击🔲按钮，创建另一个边界混合曲面。

（8）选择图9-24所示的轮廓线作为第一方向链。

（9）单击【约束】下拉面板，选中第一方向的"第一条链"，选择其约束方式为"垂直"，系统自动选中FRONT作为垂直的参考，见图9-25。设置第一方向的"最后一条链"的约束方式为"相切"，系统自动选中该边界所在的曲面作为相切的参考，见图9-26。

（10）单击✔完成边界混合曲面创建，完成的边界混合曲面见图9-27。

图9-22　约束边界　　　　图9-23　约束边界

> 注意：最后一条链要选取前面创建的边界混合曲面的边界，便于后面添加约束。读者可以隐藏图9-16所示的草绘截面，再选取曲面边界（注意该曲面边界需要用串联选取）。

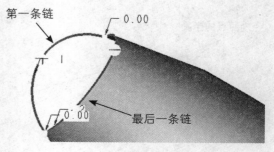

图9-24　草绘对话框

图9-25 约束边界

图9-26 约束边界

图9-27 完成的
边界混合曲面

步骤7 合并及镜像曲面

（1）选中前面创建的两张曲面。

（2）单击 合并 按钮合并曲面，单击 ✓ 完成曲面合并。

（3）过滤器中选择"面组"，选中曲面组，单击"镜像工具" 镜像。

（4）选择FRONT基准平面作为镜像的参考面，单击 ✓ 完成曲面镜像。

（5）选中原始面组及镜像曲面，单击"曲面合并工具" 合并。

（6）单击 ✓ 完成曲面合并。完成的曲面见图9-28。

步骤8 创建拉伸特征

（1）单击 按钮。单击【放置】菜单，单

击 定义... 按钮，弹出"草绘"对话框。

（2）选择DTM5作为草绘平面，系统自动选择RIGHT作为向"右"的参考，见图9-29。

（3）单击 草绘视图 摆正草绘视图，草绘图9-30所示的截面。

（4）单击 完成草绘，继续下一步设置。

（5）在拉伸操控板中，单击 选择拉伸为实体，选择拉伸"长度控制"方式为 ，输入拉伸长度为50。单击 可以反转拉伸方向，使拉伸方向向上。

（6）单击 ✓ 完成拉伸特征创建。

（7）再创建一个拉伸特征。单击 按钮。单击【放置】菜单，单击 定义... 按钮，弹出"草绘"对话框。

（8）选择前面创建的拉伸特征的顶面

图9-28 完成的曲面

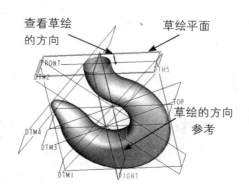

图9-29 草绘平面选取

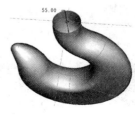

图9-30 草绘截面

作为草绘平面，系统自动选择RIGHT作为向
"右"的参考，见图9-31。

（9）单击中键激活草绘环境，草绘图
9-32所示的截面。

（10）单击✓完成草绘，继续下一步设置。

（11）在拉伸操控板中，单击▢选择拉
伸为实体，选择拉伸"长度控制"方式为⊥，
输入拉伸长度为60。单击⤸可以反转拉伸方
向，使拉伸方向向上。

（12）单击✓完成拉伸特征创建，创建的
实体见图9-33。

步骤9　实体化

选中吊钩面组，单击⟠实体化按钮，选择
填充为实体方式▢，单击✓完成曲面实体化。

步骤10　倒角

（1）单击◥倒角▾，选择 45 x D ，并输

入距离为3。

（2）选择所需倒角的边，如图9-34所示。

（3）单击✓完成倒角特征创建，创建的
实体见图9-35。

步骤11　创建螺纹

（1）选择【螺旋扫描】⇨【参考】菜单，
见图9-36。

（2）选择【编辑】，选择FRONT基准平面
作为草绘平面。

（3）进入草绘环境，绘制图9-37所示的
螺旋轴线与母线。

（4）单击✓完成草绘，输入螺距3。

（5）单击◿创建截面，绘制图9-38所示
的螺旋截面。

（6）单击✓完成截面草绘，单击◿去除材料。

（7）单击✓完成螺旋扫描特征创建，结
果见图9-39。

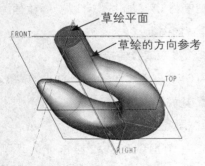

图9-31　草绘平面选取

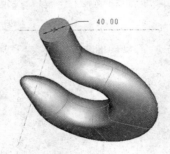

图9-32　草绘截面

图9-33　创建的拉伸特征

图9-34　创建的
倒角特征

图9-35　创建的倒角特征

图9-36

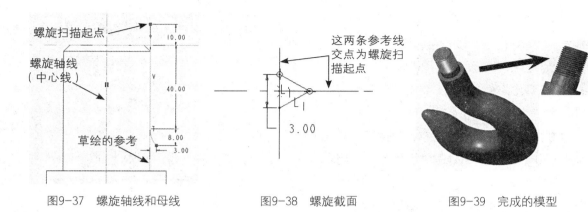

图9-37　螺旋轴线和母线　　　　图9-38　螺旋截面　　　　图9-39　完成的模型

9.3　实例二

此实例将完成图9-40所示零件的建模。通过此例学习Creo边界混合曲面控制点的对齐。

步骤1　新建零件

利用公制模板创建新零件，文件名称"prt-9-2"。

步骤2　创建截面线

（1）单击"草绘工具"绘制零件顶面的轮廓线。

（2）选择TOP作为草绘平面，系统自动选择RIGHT作为向"右"的参考。

（3）单击中键激活草绘环境，系统自动选择RIGHT和FRONT基准平面作为绘制二维截面的参考。

（4）绘制图9-42所示的截面，标注尺寸并修改尺寸值。

> 提示：八边形和八角形可以用草绘的"选项板"命令绘制。

（5）单击完成草绘。

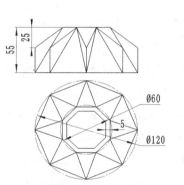

图9-40　零件图纸

操作视频

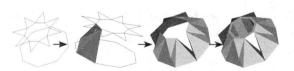

图9-41　建模流程

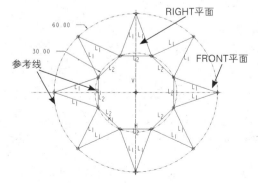

图9-42　草绘截面

（6）单击草绘工具 绘制零件底面的轮廓线。

（7）将TOP平面向下平移55，创建基准平面DTM1作为草绘平面，选择RIGHT作为向"右"的参考。

（8）单击 草绘视图 摆正草绘视图，系统自动选择RIGHT和FRONT基准平面作为绘制二维截面的参考。

（9）绘制图9-43所示的截面，标注尺寸并修改尺寸值。

（10）单击 完成草绘。

步骤3 创建边界混合曲面

（1）单击 按钮，创建边界混合曲面。

（2）选择图9-44所示的轮廓线作为第一方向链（最后一条链需要串联选取。点选时，如果预选的对象不是所需要的，单击"右键"切换预选其他可能的要素，下同）。

（3）单击【控制点】下拉面板，选中方向的"第一个"，选择"链1"的"未定义"控制

点，见图9-45。

（4）在绘图区选择图9-46所示的控制点。

（5）再选择图9-47所示的控制点。

（6）单击 完成边界混合曲面创建，完成的曲面见图9-48。

> 提示：八边形可以用草绘的"选项板"命令 绘制。

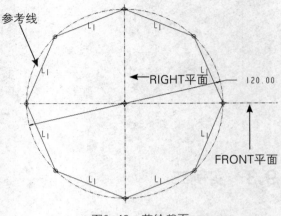

图9-43 草绘截面

> 提示：调整边界混合曲面的控制点可以调节边界混合曲面的边界间连接状况，进而改变边界混合曲面形状或质量。

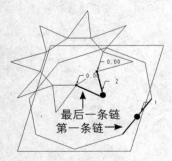

图9-44 选择第一方向链

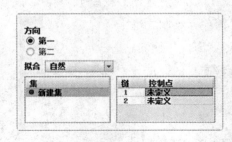

图9-45 对齐顶点

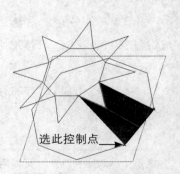

图9-46 对齐控制点

步骤4　创建另一张边界混合曲面，并合并曲面

（1）单击 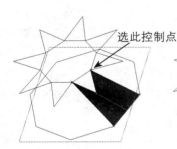 按钮，创建基准点。

（2）选择图9-49所示的曲面棱边。如果基准平面未显示出来，单击 ☑ ⌧ 平面显示 显示基准平面。

（3）在"基准点"对话框中选择【参考】，激活参考收集框，选择TOP作为基准点位置的参考，输入偏移值-25，见图9-50，完成基准点创建。

（4）单击 按钮，再创建一张边界混合曲面。

（5）选择图9-51所示的曲线及刚刚创建的基准点作为曲面边界线。

（6）单击 ✔ 完成边界混合曲面创建。

（7）选中前面创建的两张边界混合曲面。

单击 ⌧合并 合并曲面，注意曲面的保留方向，见图9-52。

步骤5　阵列曲面，并合并所有曲面

（1）将前面创建的两张边界混合曲面、基准点、合并特征创建为一个局部组，见图9-53。

（2）选中上一步创建的"局部组"，单击 。

（3）在弹出的阵列操控板中，选择阵列方式为"轴"，见图9-54。

（4）单击 / 轴 按钮创建阵列的旋转轴，选择FRONT和RIGHT平面求取其交线。

（5）输入阵列数目8，在如图9-54所示数目8后的方框内输入角度45°。

图9-47　对齐控制点　　图9-48　完成的曲面　　图9-49　选取参考边　　图9-50　选取参考平面

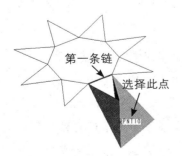 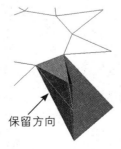 

图9-51　选择曲线链　　　　图9-52　曲面合并　　　　图9-53　创建组

图9-54　阵列操控板

（6）单击✓按钮完成阵列创建，见图9-55。

（7）合并所有曲面。

步骤6　拉伸八棱柱

（1）单击⬚按钮，选择图9-56所示截面。

（2）选择拉伸方式为拉伸到面⬚，选择TOP作为参考面。单击✓按钮完成拉伸特征。

图9-55　完成阵列

图9-56　拉伸截面

图9-57　选择曲面

图9-58　修剪完成

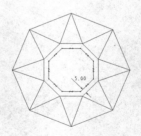

图9-59　拉伸截面

图9-60　完成的模型

步骤7　用曲面修剪实体

（1）选择前面创建的面组，见图9-57。

（2）单击"实体化命令"⬚实体化，用曲面修剪实体。选择修剪实体⬚。

（3）单击✓完成实体化命令，结果见图9-58。

步骤8　拉伸八棱柱孔

（1）单击⬚按钮，选择TOP作为草绘平面，用偏移边命令⬚偏移创建图9-59所示截面。

（2）选择拉伸方式为贯穿⬚，选择去除材料的方式⬚。单击✓按钮完成拉伸特征，完成的模型见图9-60。

9.4　实例三

此实例将完成图9-61所示的灯罩。在该模型创建中需要用到另一种控制可变截面扫描截面变化的方法——利用基准图形控制截面变化。

步骤1　新建零件

用公制模板创建新零件，文件名称"prt-9-3"。

步骤2　创建扫描的轨迹线

（1）单击【基准】展开下拉面板，选择⬚曲线 ▶⇨⬚来自方程的曲线。

（2）单击【参考】选择模板创建的坐标系"PRT_CSYS_DEF"，坐标系类型选择【柱坐标】⬚柱坐标⬚。

（3）单击⬚方程…输入图9-63所示的方程式。

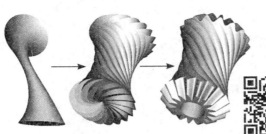

r = 100
theta = t * 180
z = 250 – 500 * t

图9-61　零件预览　　　　图9-62　建模流程　　　　　图9-63　曲线方程式

操作视频

> 提示：方程式中的r是半径；theta是角度；z是沿z轴（即圆柱轴向）的坐标；参数t是扫描中从0变化到1的变量。

> 提示：基准图形中必须创建坐标系——用 🔧坐标系 命令创建。基准图形中的线条沿着Y轴方向不允许出现多值（即平行Y轴划线不能与基准图形有多个交点）。

（4）保存方程式文件退出编辑器，单击✔按钮或单击中键完成方程式曲线创建，完成的曲线见图9-64。

步骤3　创建控制扫描截面变化的基准图形

（1）单击【基准】⇨ 📈 图形　菜单。

（2）输入特征名称"G"，按"回车"键，系统进入草绘环境。

（3）绘制图9-65所示截面，单击✔按钮完成基准图形绘制。

步骤4　创建可变截面扫描特征

（1）单击 📎扫描 ▾按钮，启动可变截面扫描工具。选择上一步创建的曲线作为扫描的轨迹。

（2）单击🖉按钮草绘扫描的截面，见图9-66。

（3）单击【工具】⇨ d=关系 菜单，输入关系式sd4=evalgraph（"g"，400*trajpar）。读者的尺寸名称可能与此不同，请确认是图9-66所示尺寸的名称。

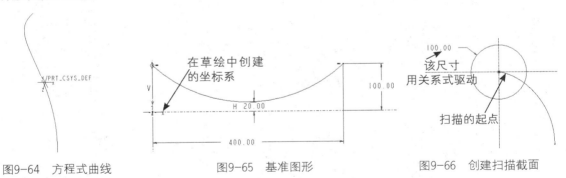

图9-64　方程式曲线　　　　图9-65　基准图形　　　　图9-66　创建扫描截面

（4）单击✔按钮完成扫描截面绘制。

（5）单击✔按钮完成可变截面扫描特征创建。完成的特征见图9-67。

> 提示：上述关系式中的参数trajpar为Creo的系统参数，在扫描过程中其值从0均匀的变为1。函数evalgraph的功能是取基准图形相应X点的Y坐标值，其前一个参数是基准图形的名称，后一个参数是基准图形X坐标值。

步骤5　阵列扫描特征

（1）在模型树中选中前面创建的扫描特

征，单击⬚。

（2）在弹出的阵列操控板中，选择阵列方式为"轴"。

（3）单击 / 轴 按钮创建阵列的旋转轴，选择TOP和RIGHT平面求取其交线。

（4）输入阵列数目16，输入角度22.5°。

（5）单击✓按钮完成阵列创建，见图9–68。

图9–67 完成的特征　　图9–68 完成阵列

步骤6 创建旋转特征封闭内部空隙

（1）单击 ◆旋转 按钮，启动旋转工具。选择TOP作为草绘平面，系统自动选择RIGHT为向"右"的参考。绘制图9–69所示截面。

（2）单击✓按钮完成扫描截面绘制。单击✓按钮完成旋转特征创建。

步骤7 扫描曲面用于切割灯罩上下的花边

（1）单击⬚按钮，创建扫描轨迹。

（2）偏移FRONT平面270创建基准平面，以其作为草绘平面，见图9–70。RIGHT平面作为向"右"的参考。

（3）绘制图9–71所示截面。

（4）单击 扫描 按钮，启动可变截面扫描工具。选择上一步创建的曲线作为扫描的轨迹，见图9–72。

（5）单击⬚按钮草绘扫描的截面，见图9–73。

图9–69 旋转的截面

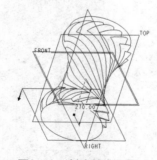

图9–70 创建基准平面

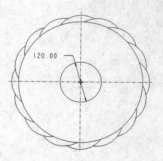

图9–71 扫描的轨迹

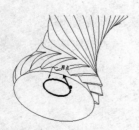

图9–72 选择扫描轨迹

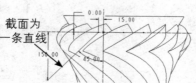
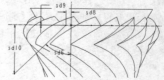

图9–73 扫描的截面

（6）单击【工具】⇨ d=关系 菜单，输入关系式sd9=20*sin（16*360*trajpar）；sd10=50*sin（16*360*trajpar）+150。读者的尺寸名称可能与此不同，请确认是图9-73所示尺寸的名称。

（7）单击✓按钮完成扫描截面绘制。

（8）单击✓按钮完成可变截面扫描特征创建，完成的特征见图9-74。

步骤8　拉伸平面

（1）单击🔘按钮，选择TOP作为草绘平面，单击🔲设置拉伸为面，选择拉伸方式为对称拉伸🔲，输入拉伸长度400。

（2）创建图9-75所示截面。

（3）单击✓按钮完成拉伸特征。

（4）选择刚拉伸的平面和前面扫描的花边曲面，见图9-76。

（5）单击🔘合并曲面，合并的结果见图9-77。

（6）选中合并完成的曲面，单击🔲关于FRONT平面镜像曲面。

（7）用"实体化命令" 🔲实体化的修剪实体功能🔲，以两张花边曲面分别裁剪实体，结果见图9-78。

步骤9　拉伸灯罩的中孔

（1）单击🔘按钮，出现拉伸操控板。选择图9-79所示的草绘（即扫描花边的轨迹线）作为拉伸的截面。

（2）在拉伸操控板中，单击"切除材料方式"🔲，选择拉伸"长度控制"方式为贯穿🔲。

（3）单击✓完成拉伸特征创建，完成的模型见图9-80。

图9-74　创建的曲面

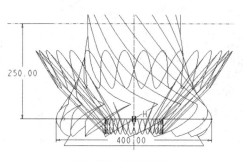

图9-75　拉伸截面

图9-76　选择曲面

图9-77　合并完成的曲面

图9-78　修剪完成的模型

图9-79　拉伸的截面

图9-80　完成的模型

9.5 实例四

此实例将完成图9-81所示的弹簧模型。在该模型创建中学习螺旋扫描的基本用法。首先用螺旋扫描创建曲面，复制该曲面的边界线，再以创建曲线的方法构造弹簧两端的弯钩，然后用扫描工具创建弹簧模型。

步骤1　新建零件

利用公制模板创建新零件，文件名称"prt-9-4"。

步骤2　螺旋扫描曲面

（1）单击【扫描】下拉面板⇒【螺旋扫描】，选择曲面 ，如图9-82所示。

（2）单击【参考】⇒【定义】，选择FRONT作为草绘平面。

（3）进入草绘环境，绘制图9-83所示的螺旋的轴线与母线。

> 注意：用创建点命令，在螺旋母线上创建两个点，用于定义螺距的变化位置。图9-83中的尺寸117是为了光滑连接弹簧与其末端的弯钩而做的调整，必须小于120，但也不宜太小，免得连接部位太长。

（4）单击 完成草绘，单击【间距】出现下拉面板，输入轨迹起始点节距12，输入轨迹末端节距12，如图9-84所示。

操作视频

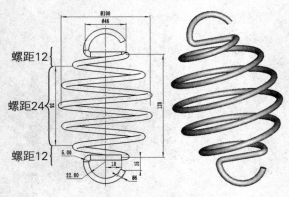

图9-81　零件图纸

图9-82

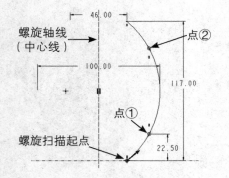

图9-83　螺旋的轴线和母线

#	间距	位置类型	位置
1	12.00		起点
2	12.00		终点
3	24.00	按参考	点
4	24.00	按参考	点
添加间距			

图9-84　间距设置

（5）在绘图区点选前面创建的点①，输入节距24；点选点②，输入节距24，如图9-84所示（节距的分布见图9-85）。

（6）单击进入草绘环境，绘制图9-86所示的螺旋截面。

（7）单击完成截面草绘。单击完成螺旋扫描特征创建。

步骤3　构造扫描的轨迹线

（1）选择图9-86所示的曲面边线，复制该曲线，并设置复制曲线端点的长度调整值为-5（双击修改该数值）。

（2）单击按钮，创建弹簧端部的弯钩轨迹。

（3）选择FRONT平面作为草绘平面，系统自动选择RIGHT平面作为向"右"的参考。

（4）绘制图9-88所示截面。

（5）隐藏螺旋曲面。单击 ～ 曲线 ▶ 创建曲线，将草绘的平面弯钩与复制的螺旋曲线光滑连接起来。选择图9-89所示的点①和

点②。

（6）单击【末端条件】展开下拉面板，设置曲线末端条件，参见图9-90。

（7）选择图9-97所示的起点切线及切线方向；选择图9-92所示的终点切线及切线方向。完成过点曲线创建。

步骤4　创建另一端的弯钩曲线

（1）选择前面创建平面曲线（选中其几何线，不要选特征），见图9-93，单击"复制"按钮 复制(C)　　　Ctrl+C，再单击"选择性粘贴"按钮，启动变换工具。

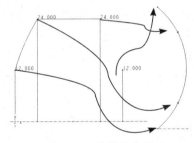

图9-85　节距分布图

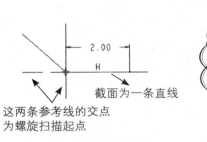

图9-86　螺旋截面

图9-87　扫描的轨迹

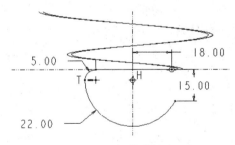

图9-88　扫描的轨迹

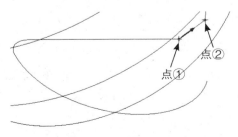

图9-89　选择点

图9-90　定义相切约束

图9-91 定义起点相切约束

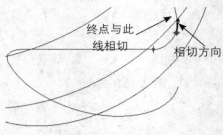
图9-92 定义终点相切约束

图9-93 选择曲线

（2）勾选"对副本应用移动/旋转变换（A）"，单击"确定"，如图9-94所示。

（3）在【变换】下拉面板中单击"新移动"，选择变换方式为"旋转"，选择图9-95所示的边线为旋转轴，输入旋转角度180°。

（4）在【变换】下拉面板中单击"新移动"，选择变换方式为"移动"，选择TOP作为移动参考，输入移动距离117，见图9-96。

（5）在【变换】下拉面板中单击"新移动"，选择变换方式为"旋转"。

（6）利用创建轴 ／轴 命令，通过FRONT平面与RIGHT平面交线创建一条轴。单击 移动（复制） 继续变换命令，选择该轴作为旋转变换的轴线，输入旋转角度180°。变换完成的曲线见图9-97。

（7）单击 ～ 曲线 创建曲线，将变换的曲线与复制的螺旋曲线光滑的连接起来，选择图9-98所示的点①和点②。

（8）单击【末端条件】展开下拉面板，设置曲线末端条件，参见图9-90。

（9）选择图9-99所示的起点切线及切线

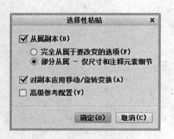
图9-94 选择性粘贴

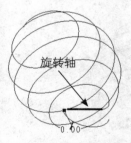
图9-95 旋转变换几何

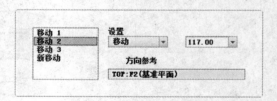
图9-96 变换几何

图9-97 变换完成的曲线

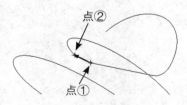
图9-98 创建过点曲线

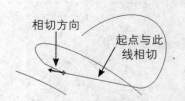
图9-99 定义起点相切约束

方向；选择图9-100所示的终点切线及切线方向。完成过点曲线创建。

步骤5　创建可变截面扫描特征

（1）单击 扫描 按钮，启动可变截面扫描工具。单击 按钮设置扫描为实体。

（2）按着"Shift"键将图9-101所示的曲线串成一条作为扫描的轨迹。

（3）单击 按钮草绘扫描的截面（圆心位于扫描起点的圆），见图9-102。

（4）单击 按钮完成扫描截面绘制。

（5）单击 按钮完成可变截面扫描特征创建。完成的特征见图9-103。

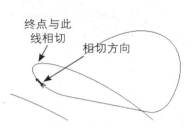

图9-100　定义终点相切约束

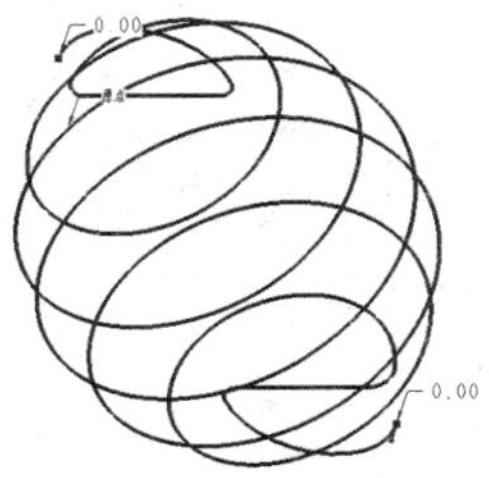

图9-101　扫描的轨迹

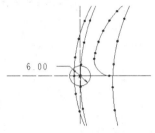

图9-102　创建扫描截面

图9-103　完成的模型

9.6　实例五

此实例将完成图9-104所示的平面涡卷弹簧模型。在该模型创建中学习螺旋扫描中截面约束及关系式的用法。

步骤1　新建零件

利用公制模板创建新零件，文件名称"prt-9-5"。

操作视频

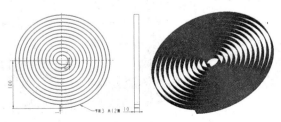

图9-104　零件图纸

步骤2　螺旋扫描创建弹簧

（1）单击【扫描】下拉面板⇨【螺旋扫描】，选择曲面 ，如图9-105所示。

（2）单击【参考】⇨【编辑】，选择FRONT作为草绘平面。

（3）进入草绘环境，绘制图9-106所示的螺旋轴线与母线。尺寸36为螺距乘以圈数。

图9-105

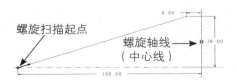

图9-106　螺旋轴线和母线

（4）单击完成草绘，输入螺旋节距3。系统重新进入草绘环境，绘制图9-107所示的弹簧截面。

（5）单击完成截面草绘。单击完成螺旋扫描特征创建，见图9-108。

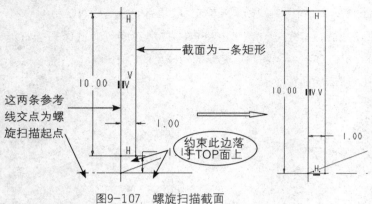

图9-107　螺旋扫描截面

图9-108　完成的弹簧模型

步骤3　改变弹簧形状

（1）在模型树中选中前面创建的螺旋扫描特征，单击右键，选择右键菜单【编辑定义】。

（2）单击进入草绘环境，编辑螺旋扫描截面。

（3）单击菜单【工具】⇨ 关系，对图9-109所示尺寸添加关系sd7=10+8*sin（2*360*trajpar）。

（4）单击完成截面编辑。单击完成螺旋扫描特征创建。

（5）编辑完成的模型见图9-110。

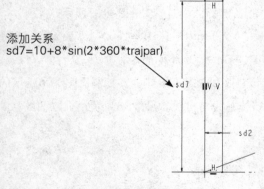

添加关系
sd7=10+8*sin(2*360*trajpar)

图9-109　定义截面尺寸关系

图9-110　完成的模型

9.7　实例六

此实例将完成图9-111所示的模型。在该模型创建中学习扫描混合特征的基本用法。

图9-111　模型预览

操作视频

步骤1 新建零件

利用公制模板创建新零件，文件名称"prt-9-6"。

步骤2 创建扫描轨迹

（1）单击草绘按钮，创建扫描轨迹。

（2）选择TOP平面作为草绘平面，系统自动选择RIGHT平面作为向"右"的参考。

（3）绘制图9-112所示截面。

（4）单击草绘按钮，创建扫描轨迹。

（5）选择RIGHT平面作为草绘平面，系统自动选择TOP平面作为向"上"的参考。

（6）绘制图9-113所示截面，注意圆弧的左端点，参考前面草绘曲线的端点。

步骤3 创建扫描的截面

（1）单击按钮，创建扫描截面1。

（2）过图9-114所示的曲线端点，并与TOP平面平行创建基准平面DTM1。选择DTM1作为草绘平面，系统自动选择RIGHT平面作为向"右"的参考。

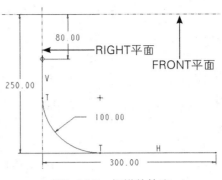

图9-112 扫描的轨迹

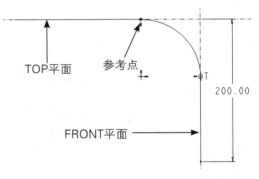

图9-113 扫描的轨迹

（3）绘制图9-115所示截面。

（4）单击按钮，创建扫描截面2。

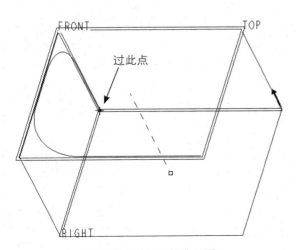

图9-114 创建基准平面

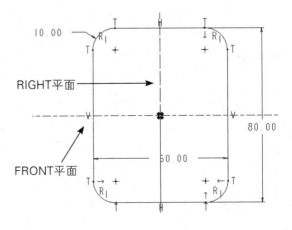

图9-115 扫描的截面1

（5）选择TOP平面作为草绘平面，系统自动选择RIGHT平面作为向"右"的参考。

（6）绘制图9-116所示截面。

（7）单击 按钮，创建扫描截面3。

（8）选择TOP平面作为草绘平面，系统自动选择RIGHT平面作为向"右"的参考。

（9）绘制图9-117所示截面。

注意：需要选择截面2的圆角作为参考，创建经过截面3圆心与圆角端点的中心线，在中心线与截面3圆的交点处将圆打断为8段。

提示：混合特征各截面的线段数或顶点数（包括混合顶点）必须相等。

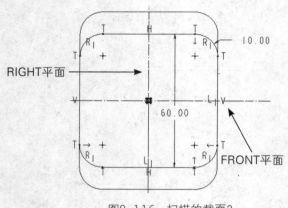

图9-116 扫描的截面2

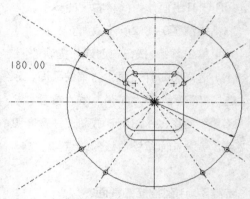

图9-117 扫描的截面3

步骤4 变换截面的位置

（1）求取TOP平面与FRONT平面的交线，创建基准轴A_1。

（2）选择前面创建的截面2曲线（选中其几何线，而不是特征），见图9-118，单击"复制"按钮 复制(C)　　Ctrl+C ，再单击"选择性粘贴"按钮 ，勾选"对副本应用移动/旋转变换（A）"，单击"确定"，启动变换工具。

（3）在【变换】下拉面板中单击"新移动"，选择变换方式为"旋转"，选择前面创建的A_1轴为旋转轴，输入旋转角度90°。

（4）在【变换】下拉面板中单击"新移动"，选择变换方式为"移动"，选择FRONT作为移动参考，输入移动距离100。

（5）变换完成的曲线见图9-119。

（6）选择前面创建的截面3曲线（选中几何线，而不是特征），见图9-120，单击"复制"按钮 复制(C)　　Ctrl+C ，再单击"选

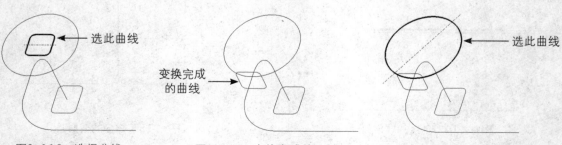

图9-118 选择曲线　　　　图9-119 变换完成的几何　　　　图9-120 选择曲线

择性粘贴"按钮 ，勾选"对副本应用移动/旋转变换（A）"，单击"确定"，启动变换工具。

（7）在【变换】下拉面板中单击"新移动"，选择变换方式为"旋转"，选择如图9-121所示直线为旋转轴，输入旋转角度90°。

（8）在【变换】下拉面板中单击"新移动"，选择变换方式为"移动"，选择FRONT作为移动参考，输入移动距离250。

（9）在【变换】下拉面板中再次单击"新移动"，选择变换方式为"移动"，选择RIGHT作为移动参考，输入移动距离300。

（10）变换完成的曲线见图9-122。

步骤5　创建扫描混合特征

（1）单击 扫描混合 命令，启动扫描混合工具。

（2）单击 按钮扫描为实体。选择图9-123所示轨迹（需要按着"Shift"键串联选取）。

（3）单击【截面】展开下拉面板，选择"选定截面"，见图9-124。

（4）选择图9-125所示的三个截面（需要按着"Shift"键串联选取，并注意起点的位置及串联的方向一致。拖动起点符号可以移动其位置，单击箭头可以反转串联方向。选完一个截面单击"截面"下拉面板的 插入 按钮选择下一个截面）。

（5）单击 完成扫描混合特征的创建，完成的模型见图9-126。

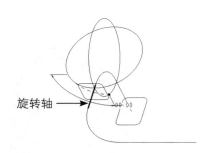

图9-121　旋转变换

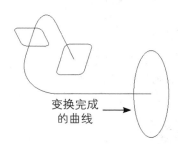

图9-122　变换完成的曲线

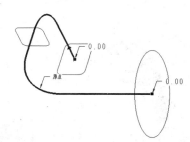

图9-123　扫描的轨迹

图9-124　截面下拉面板

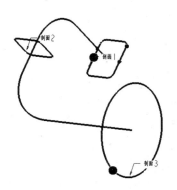

图9-125　选择扫描截面

图9-126　完成的模型

9.8 实例七

此实例将完成图9-127所示的企鹅模型。在该模型创建中学习扫描混合特征的基本用法。

步骤1 新建零件
利用公制模板创建新零件，文件名称"prt-9-7"。

步骤2 创建模型基体
（1）单击创建旋转特征 旋转 按钮，出现旋转操控板。

（2）单击【放置】展开下拉面板，单击 编辑… 按钮，弹出"草绘"对话框。选择TOP作为草绘平面，系统自动选择RIGHT作为向"右"的参考。

（3）单击 草绘视图 摆正草绘视图，绘制图9-128所示的截面。

（4）单击 完成草绘，继续下一步设置。

（5）创建旋转360°的实体，单击 完成拉伸特征创建，创建的实体见图9-129。

（6）对图9-130所示的边倒R8的圆角。

步骤3 创建企鹅嘴巴
（1）单击草绘 按钮，创建扫描轨迹。

（2）选择RIGHT平面作为草绘平面，选择TOP平面作为向"上"的参考。

（3）绘制图9-131所示的截面。

（4）单击 扫描混合 命令，启动扫描混合工具。

（5）单击 按钮扫描为实体。选择图9-131所示轨迹。

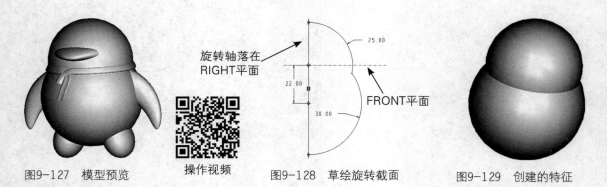

图9-127 模型预览　　操作视频　　图9-128 草绘旋转截面　　图9-129 创建的特征

旋转轴落在RIGHT平面

25.00

22.00

30.00

FRONT平面

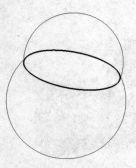

图9-130 倒圆角

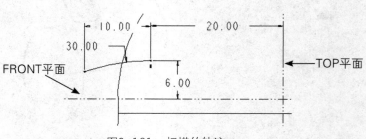

10.00　　20.00

30.00

FRONT平面

6.00

TOP平面

图9-131 扫描的轨迹

（6）单击【截面】展开下拉面板，选择"草绘截面"，见图9-133。

（7）选择图9-132所示的点①，在此位置创建截面1，单击 草绘 按钮进入草绘环境，绘制图9-134所示的椭圆截面。

（8）完成截面绘制。

（9）单击【截面】下拉面板的 插入 按钮，选择图9-132所示的点②，在此位置创建截面2，单击 草绘 按钮进入草绘环境，绘制图9-135所示的截面，此截面为一个点。

（10）完成截面绘制。

（11）单击【相切】展开下拉面板，设置图9-136所示的选项。

（12）单击☑扫描混合特征的创建，完成的模型见图9-137。

步骤4　创建企鹅翅膀

（1）单击~按钮，创建扫描轨迹。

（2）选择TOP平面作为草绘平面，选择RIGHT平面作为向"右"的参考。

（3）绘制图9-138所示的截面。

（4）单击 扫描混合 命令，启动扫描混合工具。

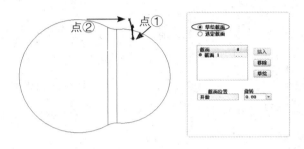

图9-132　选择截面点　　图9-133　截面下拉面板

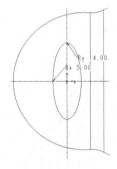

图9-134　截面1

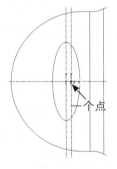

图9-135　截面2

图9-136　设置终止截面约束条件

图9-137　完成的特征

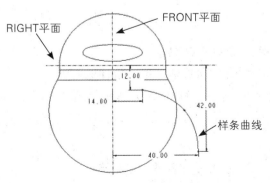

图9-138　扫描的轨迹

（5）单击口按钮扫描为实体。选择图9-139所示轨迹。

（6）单击【截面】展开下拉面板，选择"草绘截面"，见图9-140。

（7）选择图9-139所示的点①，在此位置创建截面1，单击 草绘 按钮进入草绘环境，绘制图9-141所示的椭圆截面。

（8）完成截面绘制。

（9）单击"剖面"下拉面板的 插入

按钮，选择图9-139所示的点②，在此位置创建截面2，单击 草绘 按钮进入草绘环境，绘制图9-142所示的截面，此截面为一个点。

（10）完成截面绘制。

（11）单击【相切】展开下拉面板，设置图9-143所示的选项。

（12）单击✓扫描混合特征的创建，完成的模型见图9-144。

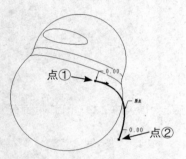

图9-139　扫描的轨迹

图9-140　截面下拉面板

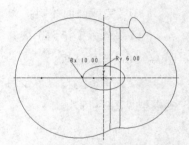

图9-141　截面1

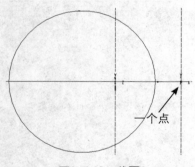

图9-142　截面2

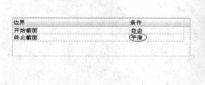

图9-143　设置终止截面约束条件

图9-144　完成的特征

步骤5　创建企鹅脚

（1）求取FRONT平面与RIGHT平面的交线，创建基准轴A_3。过A_3轴并与RIGHT平面夹角18°创建基准平面DTM2，见图9-145。

（2）单击按钮，创建扫描轨迹。

（3）选择DTM2平面作为草绘平面，选择

TOP平面作为向"左"的参考。

（4）绘制图9-146所示截面。

（5）完成轨迹线绘制后，再以创建基准点工具在轨迹线的中点创建基准点。

（6）单击扫描混合命令，启动扫描混合工具。

（7）单击口按钮扫描为实体。选择图9-147所示轨迹。

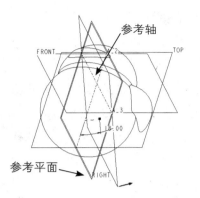

图9-145　创建草绘平面

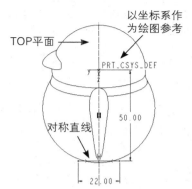

图9-146　轨迹线

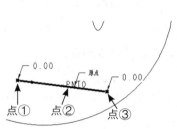

图9-147　扫描的轨迹

（8）单击【截面】展开下拉面板，选择"草绘截面"。

（9）选择图9-147所示的点①，在此位置创建截面1，单击 草绘 按钮进入草绘环境，绘制图9-148所示的点。

（10）完成截面绘制。单击【剖面】下拉面板的 插入 按钮，选择图9-147所示的点②，在此位置创建截面2，单击 草绘 按钮进入草绘环境，绘制图9-149所示的椭圆截面。

（11）完成截面绘制。单击【剖面】下拉面板的 插入 按钮，选择图9-147所示的点③，

在此位置创建截面3，单击 草绘 按钮进入草绘环境，绘制图9-150所示的截面——一个点。

（12）完成截面绘制。单击【相切】展开下拉面板，设置图9-151所示的选项。

（13）单击✔扫描混合特征的创建。

（14）选中企鹅的翅膀和脚，单击 镜像 按钮，参考RIGHT平面镜像特征，完成的模型见图9-152。

步骤6　创建企鹅围巾的轨迹线

（1）单击草绘 按钮，创建用于投影的草绘。

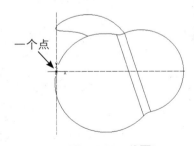

图9-148　截面1

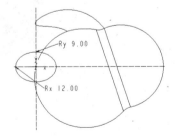

图9-149　截面2

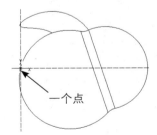

图9-150　截面3

图9-151　设置终止截面约束条件

图9-152　完成的特征

（2）选择TOP平面作为草绘平面，选择RIGHT平面作为向"右"的参考。

（3）绘制图9-153所示截面。

（4）复制图9-154所示的实体表面，用于创建投影曲线的参考。

（5）选择稍前绘制的草绘曲线（该曲线隐没在实体内部，读者可以在模型树中选取该曲线），见图9-155。单击 投影 按钮，启动投影工具。

（6）选择复制曲面作为投影的目标面，完成曲线投影。

（7）单击 按钮，选择FRONT平面和图9-156所示的点（前面投影曲线的端点）创建基准平面DTM3。

（8）选中DTM3与图9-157所示的实体表面，单击 相交 命令，创建交线。此交线为企鹅围巾的轨迹线。

步骤7　创建企鹅的围巾

（1）单击 扫描混合 命令，启动扫描混合工具。

（2）单击 按钮扫描为曲面。选择图9-157所示轨迹（按着"Shift"键串联选取）。

（3）单击【截面】展开下拉面板，选择"草绘截面"。

（4）选择图9-158所示的点①，在此位置创建截面1，单击 草绘 按钮进入草绘环境，绘制图9-159所示的截面。

（5）完成截面绘制。单击【剖面】下拉面板的 插入 按钮，选择图9-158所示的点②，在此位置创建截面2，单击 草绘 按钮进入草绘环境，绘制图9-160所示的截面。

（6）完成截面绘制。单击【选项】展开下拉面板，设置"封闭端"选项。

（7）单击 完成扫描混合特征的创建。完成的模型见图9-161。

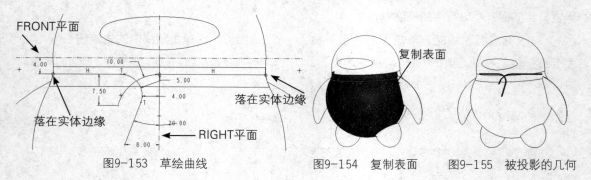

图9-153　草绘曲线　　　图9-154　复制表面　　图9-155　被投影的几何

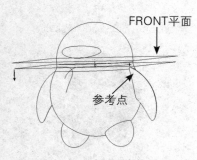

图9-156　创建基准平面

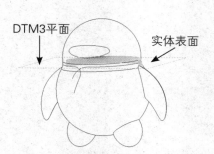

图9-157　求取交线——围巾轨迹线

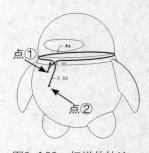

图9-158　扫描的轨迹

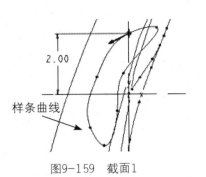

图9-159　截面1

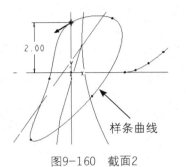

图9-160　截面2

图9-161　完成的模型

9.9　练习

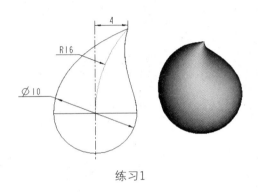

练习1

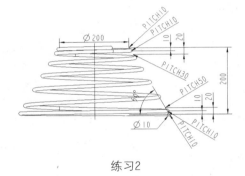

练习2

导入左图所示线框，创建右图所示曲面

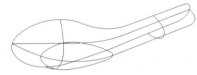

（1）以公制模板新建零件。

（2）单击主菜单【插入】⇨【共享数据】⇨
【自文件】。

（3）选择资源文件夹的"exercise.igs"
文件，导入其中数据。

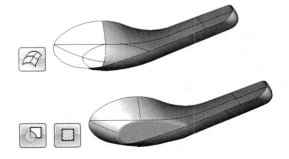

练习3

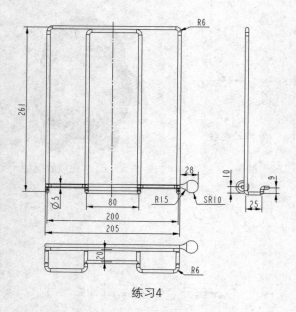

练习4

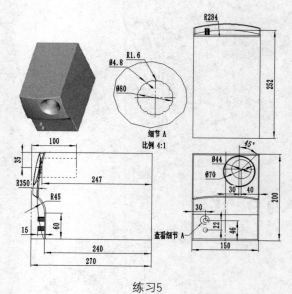

练习5

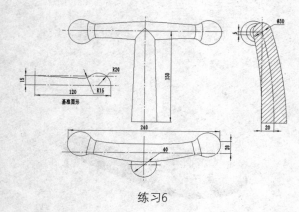

练习6

第十章
综合实例

PPT课件

资源包

> 综合运用各种实体、曲面建模工具，重点在于分析零件的建模思路、识别和划分零件的建模特征，也要清楚各种建模工具的相互影响。

10.1 学习目标

各种建模方法的综合运用，曲面和实体联合建模。进一步掌握Creo各种建模方法的选用及其应用技巧；理解曲面与实体建模各自的特点；理解曲面的应用场合。

10.2 实例一

此实例将完成图10-1所示零件的绘制。主要讲解特征的识别和划分，特征草绘平面的选取或创建。

操作视频

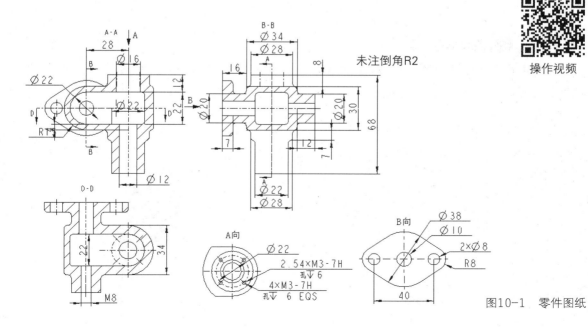

图10-1 零件图纸

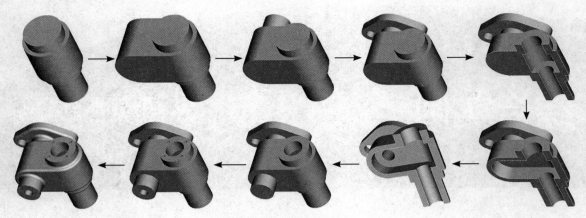

图10-2　建模流程

> 注意：为方便表述，以下绘图过程中，草绘截面的"显示样式"都为"消隐"。特征的"显示样式"都为"带边着色"。"显示样式"的调整，在 🔍🔍🔍🔍◪◪◪◪◪◪%◪? 中，单击◻进行调整。

步骤1　新建零件

（1）启动Creo，单击界面左上角◻按钮，进入"新建"对话框。

（2）创建实体零件，输入文件名称"prt-10-1"，单击"确定"使用"mmns_part_solid"模板。

（3）模板自动创建FRONT、RIGHT、TOP基准平面及坐标系。

步骤2　创建旋转增料特征

（1）单击创建旋转特征 ◆旋转按钮，出现旋转操控板。

（2）单击【放置】下滑面板，单击 定义... 按钮，弹出"草绘"对话框。选择FRONT作为草绘平面，系统自动选择RIGHT作为向"右"的参考。

（3）单击中键激活草绘环境，系统自动选择TOP和FRONT基准平面作为绘制二维截面的参考。

（4）绘制图10-3所示的截面。

（5）单击✓完成草绘，继续下一步设置。

（6）创建旋转360°的实体，单击✓完成旋转特征创建，创建的实体见图10-4。

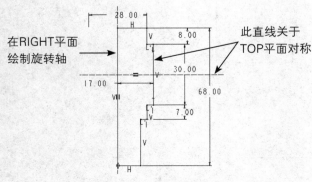

图10-3　草绘截面

图10-4　创建的特征

步骤3 创建拉伸增料特征

（1）单击 按钮，创建拉伸特征。

（2）单击【放置】下滑面板，单击 定义... 按钮，弹出"草绘"对话框。如果基准平面没有显示出来，单击 显示基准平面。选择FRONT作为草绘平面，系统自动选择RIGHT作为向"右"的参考。

（3）单击中键激活草绘环境，系统自动选择TOP和FRONT基准平面作为绘制二维截面的参考。

（4）绘制图10-5所示的截面。单击 完成草绘，继续下一步设置。

（5）单击 选择拉伸为实体，选择"拉伸长度"控制方式为 ，输入拉伸长度为34。单击 完成拉伸特征创建。创建的实体见图10-6。

步骤4 创建拉伸增料特征

（1）单击 按钮，创建拉伸特征。

（2）单击【放置】下滑面板，单击 定义... 按钮，弹出"草绘"对话框。选择图10-7所示的实体表面作为草绘平面，选择RIGHT作为向"右"的方向参考。

（3）单击中键激活草绘环境。

（4）单击圆命令选择 同心 ，绘制图10-8所示的圆截面，并修改尺寸值为20。

（5）单击 完成草绘，继续下一步设置。

（6）单击 选择拉伸为实体，选择"拉伸长度"控制方式为 ，输入拉伸长度为16。单击 完成拉伸特征创建。创建的实体见图10-9。

步骤5 创建拉伸增料特征

（1）单击 按钮，创建拉伸特征。

（2）单击【放置】下滑面板，单击 定义... 按钮，弹出"草绘"对话框。选择图10-10所示的实体表面作为草绘平面，选择RIGHT作为向"左"的方向参考。

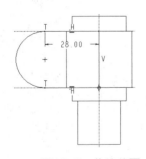

图10-5 草绘截面　　图10-6 创建的特征

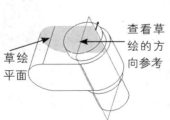

图10-7 选择草绘平面

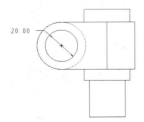

图10-8 草绘截面　　图10-9 创建的特征

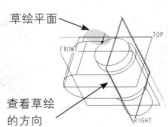

图10-10 选择草绘平面

（3）单击中键激活草绘环境。

（4）绘制图10-11所示的截面，标注图示尺寸，并修改尺寸值。

（5）单击✔完成草绘，继续下一步设置。

（6）单击☐选择拉伸为实体，选择"拉伸长度"控制方式为⬚，输入拉伸长度为7。单击✔完成拉伸特征创建。创建的实体见图10-12。

步骤6 创建异型孔

（1）单击⬚孔按钮，创建孔特征，单击⬚创建草绘截面孔，单击⬚激活草绘器。绘制图10-13所示截面。

（2）单击✔完成草绘，继续下一步设置。

（3）选择图10-14所示的面为打孔平面，按着"Ctrl"键选择图示轴线。如果轴线没有显示出来，可以单击⬚按钮显示轴线。

（4）单击✔按钮完成孔特征，见图10-15。

步骤7 创建拉伸切除材料

> 注意：草绘孔的截面必须闭合，且孔的旋转轴必须竖直。

（1）单击⬚按钮，创建拉伸特征。

（2）单击【放置】菜单，单击⬚定义按钮，弹出"草绘"对话框。选择FRONT作为草绘平面，选择RIGHT作为向"右"草绘的方向参考。

（3）单击中键激活草绘环境。

（4）单击偏距边命令⬚偏移，用"链"的方式偏距图10-16所示的实体边。用直线封闭之。单击✔完成草绘，继续下一步设置。

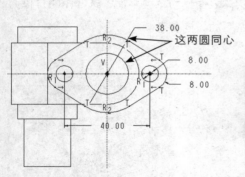

图10-11 草绘截面

图10-12 创建的特征

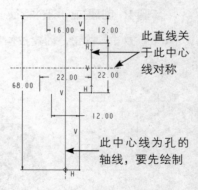

图10-13 创建孔的截面

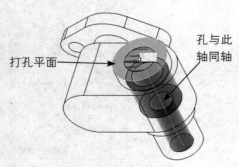

图10-14 选取打孔的要素

图10-15 完成的孔

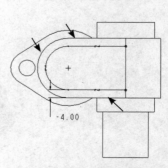

图10-16 使用边

（5）单击□选择拉伸为实体，选择对称拉伸⊟，选择切除材料方式◢，输入拉伸长度22。

（6）单击✔完成拉伸特征创建，此特征完全在实体的内部，切开的效果见图10-17。

步骤8 创建孔

（1）单击⌀孔按钮，创建简单孔特征⊔，输入孔直径10，设置孔深度为╪，参考面为FRONT面。

（2）选择图10-18所示的面为打孔平面，

按着"Ctrl"键选择图示轴线。单击✔按钮完成孔特征，见图10-19。

步骤9 创建拉伸增料特征

（1）单击按钮，创建拉伸特征。

（2）单击【放置】下滑面板，单击 定义... 按钮，弹出"草绘"对话框。选择图10-20所示的实体表面作为草绘平面，选择RIGHT作为向"右"的方向参考。

图10-17 创建的特征

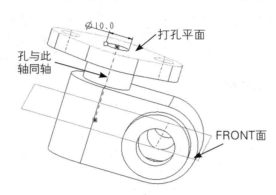
图10-18 选取打孔的要素

图10-19 完成的孔

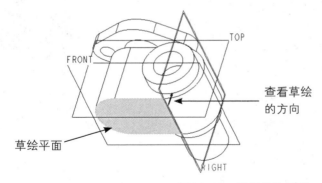

图10-20 选择草绘平面

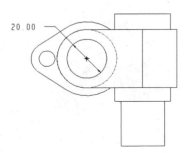
图10-21 草绘
截面

（3）单击中键激活草绘环境。

（4）单击圆命令选择 ◎ 同心 ，绘制图10-21所示的圆截面，并修改尺寸值为20。

（5）单击"确定"按钮完成草绘，继续下一步设置。

（6）单击□选择拉伸为实体，选择"拉伸长度"控制方式为⚏，输入拉伸长度为12。单击✓完成拉伸特征创建，创建的实体见图10-22。

步骤10　创建螺纹孔

（1）单击⑪⚙按钮，创建标准孔特征⚙，选择ISO系列的M8×1的螺纹，设置孔深度为⚏，参考面为FRONT面。

（2）选择图10-23所示的面为打孔平面，按着"Ctrl"键选择图示轴线。单击✓按钮完成孔特征，见图10-24。

步骤11　创建螺纹孔并阵列

（1）单击⑪⚙按钮，创建标准孔特征⚙，选择ISO系列的M3×0.5的螺纹，设置孔深度为6。

（2）选择图10-25所示的面为打孔平面。

（3）单击【设置】下滑面板，设置孔的放置"类型"为直径。激活"偏移参考"收集器，按着"Ctrl"键选择图示轴线和FRONT平面。输入直径尺寸22，角度尺寸45。

（4）单击✓按钮完成孔特征，见图10-26。

（5）选中前面创建的M3螺纹孔特征，单击创建阵列命令▦。也可以在模型树上选择特征，单击右键，选择【阵列】菜单。

（6）选择阵列参考为"轴"，角度为90°，阵列的成员数为4。阵列参考轴见图10-27。

图10-22　创建的特征

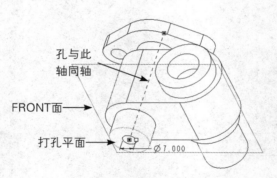

孔与此轴同轴
FRONT面→
打孔平面→
Ø7.000

图10-23　选取打孔的要素

图10-24　完成的孔

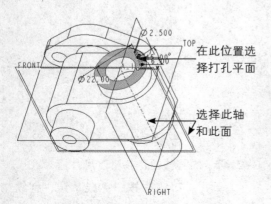

Ø2.500
TOP　在此位置选择打孔平面
FRONT
Ø22.00
选择此轴和此面
RIGHT

图10-25　选取打孔的要素

图10-26　完成的孔

阵列参考轴

图10-27　阵列示意图

（7）单击✔完成特征阵列，最终完成的
零件见图10-28。

步骤12　倒圆角

（1）单击 🔘倒圆角▾按钮，创建倒圆角特征。

（2）对图10-29～图10-31所示加粗的边
均倒R2圆角。

（3）最终完成的模型见图10-32。

图10-28　完成的阵列　　　图10-29　倒圆角的边

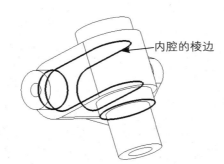

图10-30　倒圆角的边　　　　图10-31　倒圆角的边　　　　图10-32　完成的模型

10.3　实例二

此实例将完成图10-33所示零件的建模。
通过此例学习曲面和实体混合建模，理解曲面
建模的特点和应用场合，并实际应用沿曲线阵
列、螺旋扫描等建模工具。

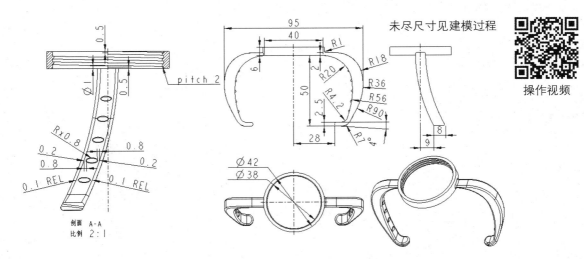

图10-33　零件图纸

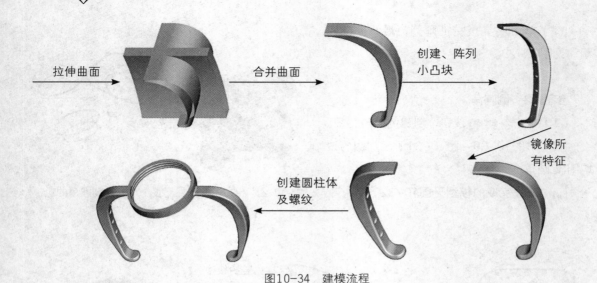

拉伸曲面 → 合并曲面 → 创建、阵列小凸块

镜像所有特征

创建圆柱体及螺纹 ←

图10-34　建模流程

步骤1　新建零件

以公制模板新建零件，输入文件名称"prt-10-2"，进入零件设计环境。

步骤2　创建第一个拉伸曲面特征

（1）单击 按钮，出现拉伸操控板，单击 选择拉伸为曲面。

（2）单击【放置】菜单，单击 按钮，弹出"草绘"对话框。选择FRONT作为草绘平面，系统自动选择RIGHT作为向"右"的参考。

（3）单击中键激活草绘环境，系统自动选择RIGHT和TOP基准平面作为绘制二维截面的参考。

（4）绘制图10-35所示的截面。

（5）单击 完成草绘，继续下一步设置。

（6）在拉伸操控板中，选择"拉伸长度"控制方式为 ——对称拉伸，输入拉伸长度为50。

（7）单击 完成拉伸特征创建，创建的曲面见图10-36。

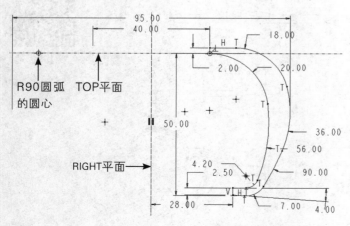

图10-35　草绘截面

图10-36　创建的曲面

步骤3 创建第二个拉伸曲面特征

（1）单击 📄 按钮，创建拉伸特征，单击 🔍 选择拉伸为曲面。

（2）单击【放置】菜单，单击 定义… 按钮，弹出"草绘"对话框。如果基准平面没有显示出来，单击 🔏 显示基准平面。选择RIGHT作为草绘平面，选择TOP作为向"上"的参考。单击中键激活草绘环境。

（3）绘制图10-37所示的截面。注意要构成封闭的环。

（4）单击 ✔ 完成草绘，继续下一步设置。

（5）选择"拉伸长度"控制方式为 💠 ——输入拉伸长度，输入拉伸长度为60。

（6）单击 ✔ 完成拉伸特征创建，创建的曲面见图10-38。

步骤4 合并曲面、曲面实体化

（1）选择前面创建的两张曲面，单击曲面合并按钮 ⬦合并，合并曲面。单击曲面合并操控板的 ✕ 按钮或单击绘图区曲面上的箭头，可以反转对应曲面的保留区域，见图10-39，单击 ✔，完成合并。

（2）选择前面合并完成的面组，单击【编辑】⇨【实体化】菜单。单击 ✔ 按钮完成实体化，前面合并完成的封闭面组转换为实体，见图10-40。

步骤5 倒圆角

（1）单击 🖱 按钮，创建倒圆角特征。

（2）按着"Ctr"键选择图10-41所示加粗的边。

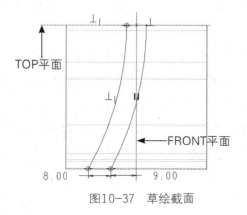

图10-37 草绘截面

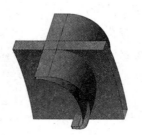

图10-38 创建的曲面

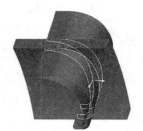

图10-39 合并曲面

图10-40 合并完成的曲面

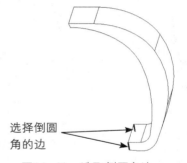

图10-41 选取倒圆角边

（3）单击【设置】下滑面板，单击"完全倒圆角"按钮，见图10-42。即创建的圆角与两条倒圆角边所在的三张面相切。

（4）单击✓按钮完成倒圆角，见图10-43。

（5）对图10-44所示加粗的边倒R1的圆角。完成的圆角见图10-45。

图10-42 设置下滑面板

图10-43 完成的倒圆角

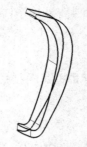

图10-44 选取倒圆角边

图10-45 完成的倒圆角

步骤6 创建手柄的小凸块

（1）复制边线用于确定小凸块的位置。选择图10-46所示的边线。选择方法一：选择绘图区右下角的过滤器为"几何"，选择图10-46所示的边线①，接着按着"Shift"键串联选取边线②。选择方法二：接受默认的"智能"过滤器，选择该边线所在的特征，再选择图10-46所示的边线①，接着按着"Shift"键串联选取边线②。

注意：不能按着"Ctrl"键选择这两条边线，这种方法只是简单的多选，所选的线不一定会构成线串。按着"Shift"键选择边线时，可以把相连的线串成一条。

（2）单击🗐按钮复制选中的几何，单击🗐按钮粘贴几何，修改曲线两端的长度调节值如图10-47所示。单击✓完成复制。

（3）以类似的方式复制图10-48所示边线，长度调节值如图10-49所示。

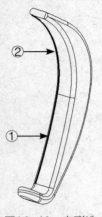

图10-46 串联选取边线

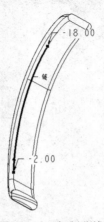

图10-47 复制曲线

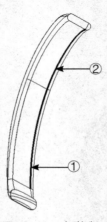

图10-48 串联选取边线

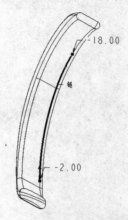

图10-49 复制曲线

（4）创建曲线上的基准点。单击创建基准点按钮✕，选择前面复制的第一条曲线（注意要选中整条曲线，见图10-50。鼠标指向该曲线时预选的部分会加亮，单击右键可以切换预选），在"基准点"对话框设置图10-51所示参数。单击【新点】菜单，选择前面复制的第二条曲线，见图10-52，设定与前述基准点相同的参数。完成点创建。

> 注意：创建的两个点都是距离复制曲线下端点0.1比率，如果参考的端点不正确，可以单击 下一端点 按钮切换。
> 提示：创建曲线上的基准点时，偏移的比率指的是点所在的位置距离曲线端点的比例。

（5）经过前面创建的两个基准点，并垂直RIGHT平面创建基准平面。所选的参考见图10-53。

（6）单击✿创建旋转特征，选择【位置】菜单，单击"定义"按钮定义旋转特征的截面。选择前面创建的DTM1平面作为草绘平面，选择RIGHT作为向"右"的参考。

（7）绘制图10-54所示截面。确保旋转轴经过前面创建的两个基准点。

（8）单击✔完成草绘，继续下一步设置。

（9）单击✔完成特征创建，创建的特征见图10-55。

（10）选中前面创建的基准点、基准平面DTM1，旋转特征。在其上单击右键，选择

图10-50　选择点所在的线

图10-51　基准点对话框

图10-52　选择点所在的线

图10-53　创建基准平面
的参考

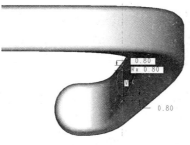

图10-54　草绘截面

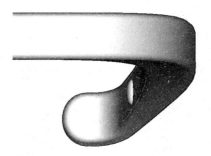

图10-55　创建的特征

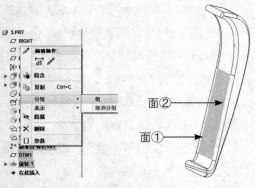

面②

面①

图10-56　创建的特征　　图10-57　倒圆角的参考

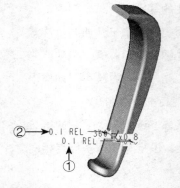

② → 0.1 REL 360 R0.8
0.1 REL ─── R0.8

①

图10-58　选择阵列驱动尺寸

图10-59　完成的阵列

【组】菜单，将这三个特征组成一个局部组，见图10-56。

（11）对图10-57所示的两组面倒R0.2的圆角。

（12）选中前一步创建的组，单击阵列命令▦。选择图10-58所示尺寸①，输入增量值0.2；按着"Ctrl"键选择尺寸②，输入增量值0.2。输入阵列实例数5。单击✔完成特征阵列，完成的阵列见图10-59。

提示：按着"Ctrl"键选择两个尺寸，意味着沿着一个阵列方向这两个尺寸同时变化相应的增量。

（13）选择前面创建的小凸台底部的R0.2

圆角，单击阵列命令▦，系统自动选择"参考"阵列方式。单击✔完成特征阵列。

（14）以镜像的方法创建另一个手柄。在"模型树"中，单击ﾖ(镜像按钮，选择RIGHT平面作为镜像平面，单击✔完成镜像，见图10-61。

提示：该命令可以对所有或部分特征关于一个平面进行镜像。

步骤7　创建圆柱体

（1）单击▤按钮再单击"层树"菜单，显示层导航栏。展开图10-62所示的层，移除F1（RIGHT）、F2（TOP）、F3（FRONT）三个特征。隐藏图10-63所示的三组图层。

图10-60　模型树

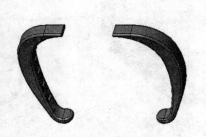

图10-61　完成镜像

图10-62　移除图层的项目

图10-63　隐藏图层

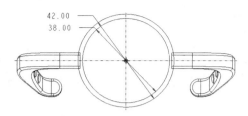

图10-64 草绘截面

图10-65 创建的拉伸特征

（2）单击▤按钮再单击"模型树"菜单，恢复"模型树"导航栏。

（3）创建拉伸特征。单击▱按钮，单击【放置】菜单，单击 定义... 按钮，弹出"草绘"对话框。选择TOP作为草绘平面，选择RIGHT作为向"右"的参考。

（4）单击中键激活草绘环境。绘制图10-64所示的截面。

（5）单击✓完成草绘，输入拉伸长度为6。单击✓完成拉伸特征创建，完成的特征见图10-65。

步骤8 创建螺纹

（1）依次单击 按钮旁边的三角符号⇨

▧ **螺旋扫描** ⇨ 参考 ⇨ 定义... 。选择FRONT作为草绘平面，选择RIGHT作为向"右"的参考。进入草绘环境。绘制图10-66所示线段。"旋转轴"为孔的中心线。

（2）单击✓按钮完成轨迹线绘制。

（3）按照输入节距值：2。

（4）单击▱再次进入草绘环境，绘制扫描的截面，见图10-67。

（5）单击✓按钮完成扫描截面的绘制。

（6）在"螺旋扫描"对话框中单击✓按钮完成螺纹创建，见图10-68。最终完成的零件见图10-69。

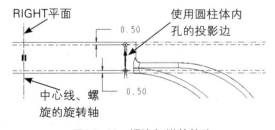

图10-66 螺旋扫描的轨迹

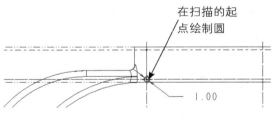

图10-67 螺旋扫描的截面

图10-68 螺纹

图10-69 完成的模型

10.4　实例三

此实例将完成图10-70所示的瓶身设计，此瓶身与"prt-10-4pei"是一套。瓶身基体与该瓶盖基体相同，瓶身基体的创建可参考"prt-10-4pei"。

操作视频

步骤1　复制文件

（1）打开随书光盘资源文件夹的"prt-10-4pei"，在模型树中删除"拉伸4"后面的全部特征，如图10-71所示。

（2）单击【文件】⇨【保存副本】菜单，指定新的保存路径，输入文件名"prt-10-3"。

（3）重新打开保存的文件"prt-10-3"，在此基础上创建其他特征。

步骤2　编辑裁剪实体特征

（1）单击☑实体化按钮，"实体化"操控板打开。

（2）单击绘图区的箭头，更改去除材料的方向，见图10-72。单击☑按钮完成命令，瓶子的整体尺寸

结果见图10-73。

步骤3　以拉伸的方法创建瓶口

（1）隐藏"06___PRT_ALL_SURFS"曲面层。

（2）单击☑按钮，选择TOP作为参考，输入平移距离188，创建出新的基准平面DTM1。

（3）单击☑按钮，创建拉伸特征。单击【放置】菜单，单击 定义... 按钮，弹出"草绘"对话框。选择前面创建的DTM1作为草绘平面，系统自动选择RIGHT作为向"右"的参考。

（4）单击中键激活草绘环境，绘制图10-74所示的截面。

（5）单击☑完成草绘，继续下一步设置。

（6）在拉伸操控板中，单击☐选择拉伸为实体，选择"拉伸长度"控制方式为☑，输入拉伸长度，输入拉伸长度为5。单击☑可以反转拉伸方向，使拉伸方向向上。

（7）单击☑完成拉伸特征创建，创建的实体见图10-75。

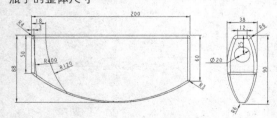

瓶身的细节尺寸

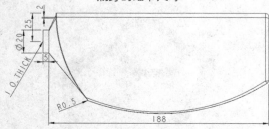

图10-70　零件图纸

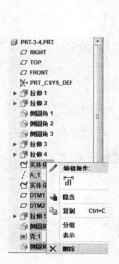

图10-71　删除特征

图10-72　去除材料的方向

图10-73　编辑完成的结果

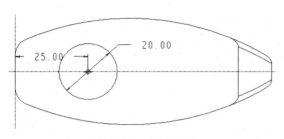

图10-74　草绘截面

图10-75　创建的拉伸特征

步骤4　以边界混合的方法创建瓶颈

（1）单击【草绘】命令；选择前面创建的DTM1作为草绘平面，系统自动选择RIGHT作为向"右"的参考。

（2）单击 □ **偏移** 命令，选择偏距类型为"环"。偏距图10-76所示边界，输入偏距距离"-2"，结果见图10-77。

> 注意："偏移"曲线后，需要检查图10-77所示位置有无交叉，若有交叉，用 ╁ "拐角"命令裁剪。

（3）选中"草绘1"，单击 ╱ **投影** 按钮，选择图10-78所示投影曲面，完成投影。

（4）在"草绘1"的各线段交点处，创建图10-79所示的8个基准点。

（5）选择前面创建的DTM1作为草绘平面，RIGHT作为向"右"的参考，绘制与瓶口同心、等半径的圆，见图10-80。经过圆心与上一步创建的基准点绘制8条中心线，在中心线与圆交点处"打断"圆，完成截面绘制。

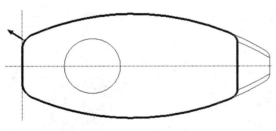

图10-76　偏距环

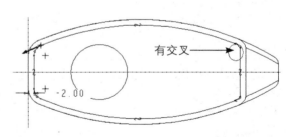

图10-77　偏距环

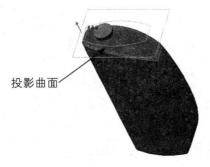

图10-78　投影曲线

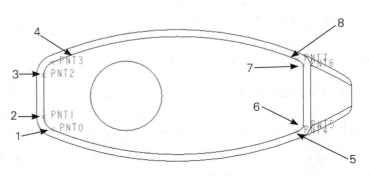

图10-79　基准点

（6）单击 按钮，选择图10-81所示的链。

（7）单击"控制点"下滑面板，按图10-82所示定义两个截面节点之间的对应关系（共8对），单击 完成边界混合。

（8）单击实体化按钮 ，将该封闭面组转换为实体。

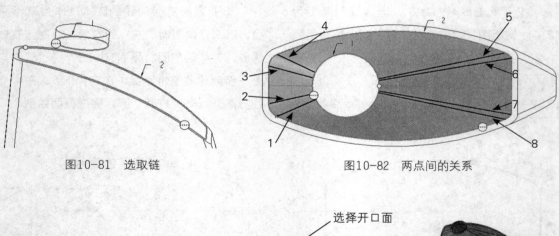

图10-80　草绘的截面

步骤5　倒圆角

（1）对图10-83所示加粗的棱边倒R0.5的圆角。

（2）对图10-84所示加粗的棱边倒R1的圆角。

步骤6　抽壳

单击抽壳命令按钮 ，在抽壳操控板中输入壳厚1。选择图10-85所示的表面为开口面。最终完成的零件模型见图10-86。

图10-81　选取链

图10-82　两点间的关系

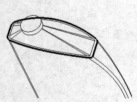

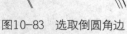

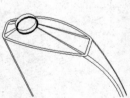

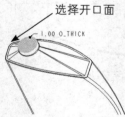

图10-83　选取倒圆角边　　图10-84　选取倒圆角边　　图10-85　选取开口的面　　图10-86　完成的零件模型

10.5　实例四

此实例将完成图10-87所示台灯座的建模。通过此例学习Creo曲面功能在零件建模中的应用。建模流程见图10-88。

步骤1　以公制模板新建零件，文件名称"prt-10-4"。

步骤2　绘制台灯座的骨架线

（1）用草绘工具 ，以TOP作为草绘平面，

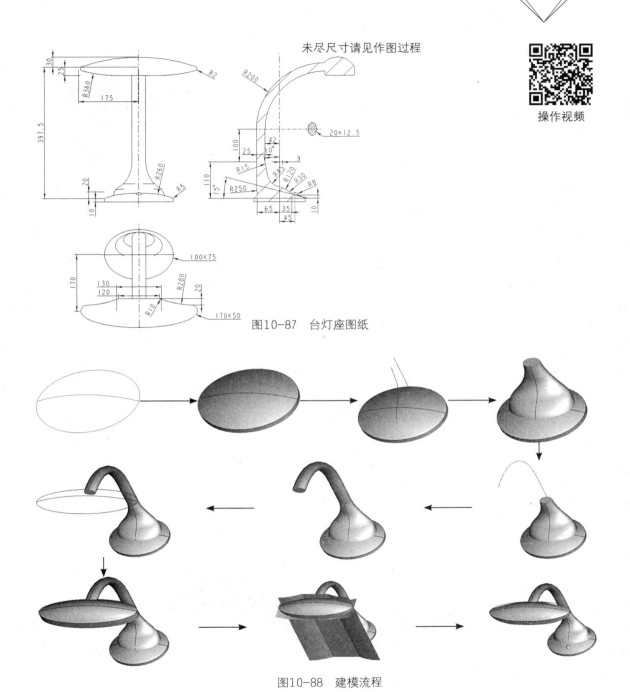

未尽尺寸请见作图过程

操作视频

图10-87 台灯座图纸

图10-88 建模流程

RIGHT作为向"右"的参考，绘制图10-89所示的二维截面。

（2）使用草绘工具↘，以FRONT作为草绘平面，RIGHT作为向"右"的参考，绘制图10-90所示的二维曲线。

步骤3　创建台灯座曲面

（1）单击◢按钮，创建边界混合曲面。选择图10-91所示的边。

（2）单击【约束】展开下滑面板，对第一条链添加垂直约束，使混合曲面的该侧与

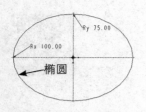

图10-89 草绘截面

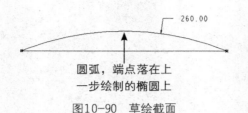

图10-90 草绘截面

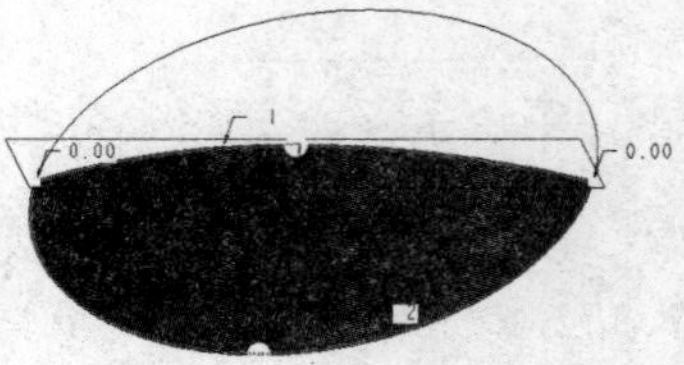

图10-91 选取混合边界

FRONT面垂直，见图10-92。

（3）单击✓按钮，完成边界混合曲面创建，见图10-93。

（4）单击✏按钮，创建另一侧的边界混合曲面。选择图10-94所示的边。

（5）单击【约束】展开下滑面板，对最后一条链添加垂直约束，使混合曲面的该侧与FRONT面垂直，见图10-95。

（6）单击✓按钮，完成的边界混合曲面见图10-96。

（7）单击✏按钮，选择前面创建的椭圆截面（草绘1），单击🔲按钮，创建拉伸曲面。

（8）单击【选项】菜单，设置图10-97所示的拉伸深度和"封闭端"选项。

（9）单击✓按钮，完成的拉伸曲面见图10-98。

（10）用曲面合并命令🔲合并，合并前面创建的两张边界混合曲面，再与拉伸曲面合并，结果见图10-99。

步骤4　用可变截面扫描创建台灯颈

（1）用草绘工具📐，以RIGHT作为草绘平面，TOP作为向"上"的参考，绘制图10-100所示的扫描轨迹。

（2）创建控制可变截面扫描截面形状的基准图形。单击"基准"工具栏的📈 **图形**命令，输入基准图形名称"g"，回车，进入草绘环境，绘制图10-100所示的二维曲线。

图10-92 "约束"
下滑面板

图10-93 完成的混合曲面

图10-94 选取混合边界

图10-95 "约束"
下滑面板

图10-96 完成的混合曲面

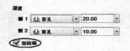

图10-97 选取倒圆角边

图10-98 拉伸曲面

图10-99 曲面合并

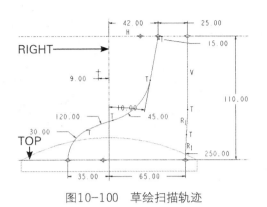

图10-100　草绘扫描轨迹

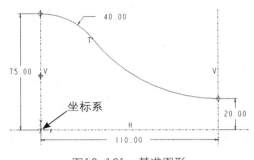

图10-101　基准图形

（3）用扫描命令🖱创建实体，选择图10-101所示的扫描轨迹。

（4）单击📝绘制扫描的截面，见图10-102。

（5）单击【工具】⇨【关系】命令，为图10-103所示尺寸添加关系式：sd5=evalgraph（"g"，trajpar*110）——sd5是尺寸Ry75.00的名称。

（6）完成扫描截面绘制，完成可变截面扫描特征创建，结果见图10-104。

（7）用草绘工具🖼，以RIGHT作为草绘平面，TOP作为向"上"的参考，绘制图10-105所示的扫描轨迹。

（8）用扫描命令🖱创建实体，选择图10-106所示的扫描轨迹。

（9）单击📝绘制扫描的截面，见图10-107。

（10）完成扫描截面绘制，完成扫描特征创建，结果见图10-108。

步骤5　创建台灯头部

（1）单击创建基准平面🔲命令，选择TOP平面作为参考，输入偏移距离397.5。

（2）用草绘工具🖼，以刚创建的基准平面DTM1作为草绘平面，RIGHT作为向"右"的参考，绘制图10-109所示的二维截面。

（3）单击创建基准平面🔲命令，选择FRONT平面作为参考，输入偏移距离170。

（4）用草绘工具🖼，以刚创建的基准平面DTM2作为草绘平面，RIGHT作为向"右"的参考，绘制图10-110所示的二维截面。

（5）单击🔗按钮，创建边界混合曲面。选择图10-111所示的边。

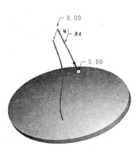

图10-102　扫描轨迹

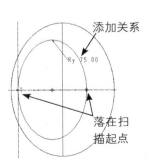

图10-103　扫描截面

图10-104　扫描特征

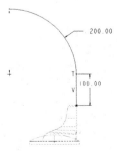

图10-105　草绘扫描轨迹

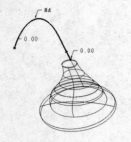

图10-106　扫描轨迹

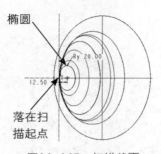

图10-107　扫描截面

图10-108　扫描特征

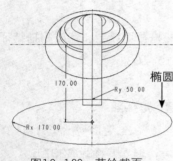

图10-109　草绘截面

图10-110　草绘截面

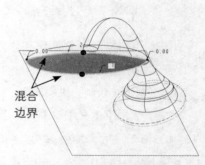

图10-111　选取混合边界

（6）单击【约束】展开下滑面板，对最后一条链添加垂直约束，使混合曲面的与DTM2基准平面垂直，见图10-112。

（7）单击✔按钮，完成边界混合曲面创建，见图10-113所示。

（8）单击⌕按钮，创建另一侧的边界混合曲面。选择图10-114所示的边。

（9）单击【约束】展开下滑面板，对第一条链添加垂直约束，使混合曲面的该侧与DTM2面垂直，见图10-115。

（10）单击✔按钮，完成的边界混合曲面见图10-116。

（11）单击⌕按钮，选择前面创建的椭圆截面（草绘5）创建拉伸曲面。

（12）设置拉伸深度为25，拉伸方向向下，见图10-117。

（13）单击"选项"中的"封闭端"，再单击✔按钮，完成的拉伸曲面见图10-118。

图10-112　"约束"下滑面板

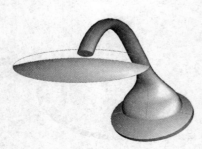

图10-113　混合曲面

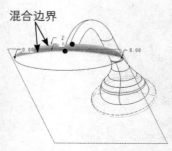

图10-114　选取混合边界

图10-115　"约束"下滑面板

拉伸方向

图10-116　混合曲面

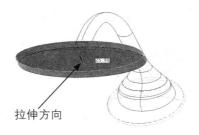

图10-117　拉伸方向

图10-118　拉伸曲面

（14）单击　按钮再创建一张拉伸曲面，设置对称拉伸深度102。选择DTM2作为草绘平面，RIGHT作为向"右"的参考。

（15）绘制图10-119所示的截面，完成拉伸。

（16）单击　按钮创建拉伸曲面，设置向上拉伸深度440。选择TOP作为草绘平面，RIGHT作为向"右"的参考。

（17）绘制图10-120所示的截面，完成拉伸。

（18）用曲面合并命令　合并　，按图10-121所示顺序合并前面创建的五张曲面（三张拉伸曲面、两张边界混合曲面）。合并完成的模型见图10-122。

步骤6　实体化

（1）选中图10-123所示面组，单击实体化按钮　，将该封闭面组转换为实体。

（2）选中图10-124所示面组，以同样的方法将该封闭面组转换为实体。

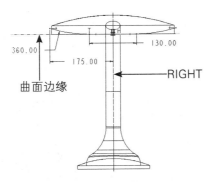

360.00　130.00　175.00

RIGHT

曲面边缘

图10-119　草绘截面

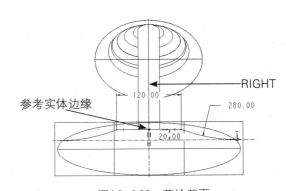

RIGHT

参考实体边缘

120.00　280.00　20.00

图10-120　草绘截面

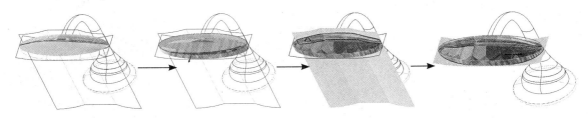

图10-121　曲面合并

图10-122 合并完成的模型

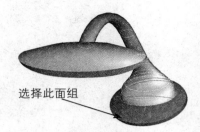

选择此面组

图10-123 实体化面组

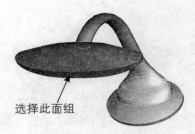

选择此面组

图10-124 实体化面组

（3）隐藏前面用过的曲线及曲面。单击▤按钮再单击"层树"，模型树变为图层列表。选中"03___PRT_ALL_CURVES"和"06___PRT_ALL_SURFS"图层，单击右键，选择【隐藏】菜单，该图层中的所有曲线和曲面被隐藏。在图层列表的空白处，单击右键，选择【保存状态】菜单（永久保存图层的设置状态，否则图层状态仅在当前有效）。

步骤7 创建台灯的开关

（1）用旋转工具 ❖ 创建台灯开关。选择RIGHT作为草绘平面，选择TOP作为向"上"的参考，创建旋转实体。

（2）绘制图10-125所示截面及旋转轴。完成旋转特征创建。

步骤8 倒圆角

（1）对图10-126所示加粗的边倒R5圆角。对图10-127所示加粗的边倒R10圆角。

（2）对图10-128所示加粗的边倒R3圆角。最终完成的模型见图10-129。

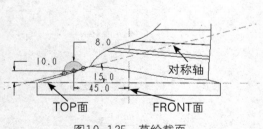

对称轴

TOP面　　FRONT面

图10-125 草绘截面

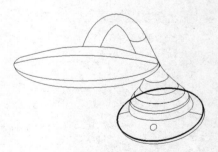

图10-126 倒R5圆角的边

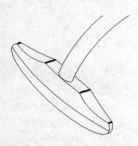

图10-127 倒R10圆角的边

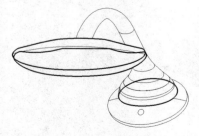

图10-128 倒R3圆角的边

图10-129 完成的模型

10.6 练习

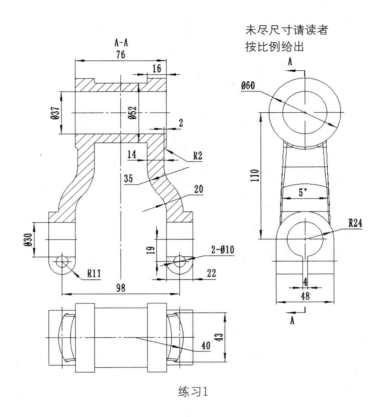

练习1

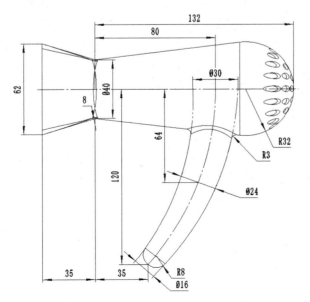
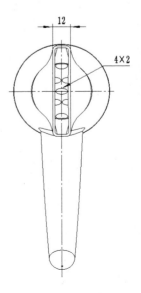

练习2

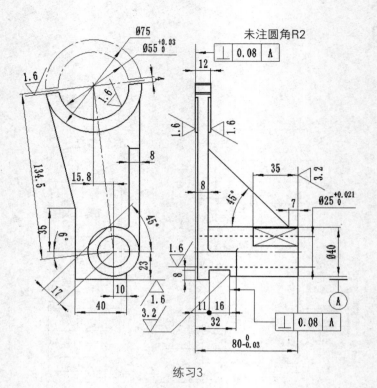

练习3

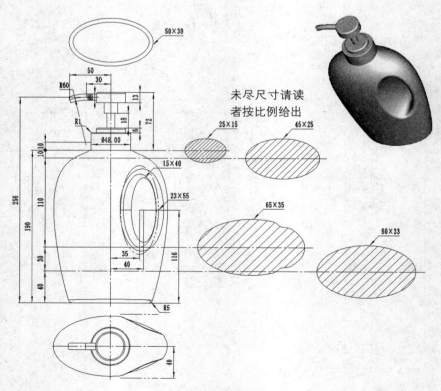

练习4

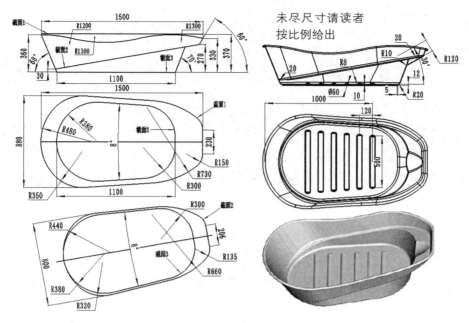

未尽尺寸请读者
按比例给出

练习5

第十一章
工程图

PPT课件　　　　资源包

创建好三维机械零件，有时候需要创建工程图表达零件的尺寸、尺寸公差、形位公差、粗糙度、加工要求等信息。Creo提供了创建工程图的专用模块，可以根据三维模型直接投影创建三视图，及各种剖切视图、缩放视图、尺寸注释等。

11.1　学习目标

掌握工程图的创建方法，包括各种视图（一般视图、投影视图、全剖、半剖、局部剖、旋转剖，详细）、尺寸标注、几何公差标注、表面粗糙度标注等常用的内容。

11.2　工程图环境设置

绘制工程图前，需要设置工程图环境，一般通过两个配置文件实现：系统环境配置文件（Config.pro）与工程图配置文件（.dtl）。应在创建零件模型之前设置系统环境配置文件，否则，将影响工程图中尺寸、公差的显示。

11.2.1　设置系统环境配置文件

为了符合机械制图国家标准，首先将Creo的安装路径\text\iso.dtl文件复制到工作目录（工作目录以"F:\PTC_wrk"为例，下同），重命名为GB.dtl。

系统环境配置文件（Config.pro）的设置方法请参考第三章的"实例一"。在之前的配置文件的基础上添加表11-1所示的配置项。

表11-1　　　　　　　　　　　　　　系统环境配置文件常用配置项

选项	值	说明
drawing_setup_file	F:\PTC_wrk \GB.dtl	默认的工程制图标准文件（路径根据需要可更改）
tol_display	yes	是否显示公差
tol_mode	nominal	所有尺寸仅显示基本尺寸
tolerance_standard	ISO	使用的公差标准
projection_type	first_angle	国标为第一视角投影

续表

选项	值	说明
make_proj_view_notes	no	投影图中是否自动显示出视图名称
disp_trimetric_dwg_mode_view	yes	放置一般视图时是否自动呈现等角视图
parenthesize_ref_dim	yes	将参考尺寸放加圆括号
dxf_out_drawing_scale	yes	是否以绘图比例输出为dxf或dwg文件
copy_dxf_dim_pict	no	将输入的AutoCAD图形的尺寸作为Pro/E的尺寸
dxf_export_format	20.7	当从Pro/E输出到AutoCAD时，选择dxf文件版本
intf_out_layer	part_layer	以零件模型的图层导出dxf文件
default_font	simfang	缺省字体为仿宋体

设置完成后，单击"应用"按钮，再单击 （保存）按钮，必须保存在"F:\PTC_wrk"下，同时，文件名必须为"config.pro"（或config.sup）。

11.2.2 设置绘图配置文件

在系统环境配置文件（config.pro）中可以对工程图的主要选项进行设置，但不能详细设置工程图的各个具体选项，如尺寸文本或注释文本的高度、尺寸公差、几何公差、文字属性、尺寸及注释箭头样式等，因此系统提供了专门配置工程图的工程图配置文件（.dtl）。

现对上面所复制的工程图配置文件GB.dtl进行设置，以符合机械制图国家标准。

工程图配置文件必须在工程图的环境下设置。单击【文件】⇨【准备】⇨【绘图属性】⇨【详细信息选项】，打开GB.dtl文件。

按表11-2所示设置GB.dtl文件的选项（只列出GB.dtl文件中需要修改的项目）。

表11-2　　　　　　　　　　　　绘图配置文件常用配置项目

	选项	值	说明
文本	text_height	4	默认文本高度
	text_width_factor	0.7	文本宽高比
	default_font	simfang	字体
视图和注释	broken_view_offset	1	断裂视图之间的距离
	default_view_label_placement	bottom_center	视图标签的位置
	view_note	std_din	创建剖视图、局部详图等视图时是否在视图下方出现视图批注
截面和箭头	crossec_arrow_length	5	剖切符号箭头长度
	crossec_arrow_width	2	剖切符号箭头宽度
	crossec_arrow_style	tail_online	剖切符号箭头相对剖切线的位置
	cutting_line	std_din	控制剖切线的显示形式
尺寸	draw_arrow_length	4	尺寸标注箭头的长度
	draw_arrow_width	1.5	尺寸标注箭头的宽度
	witness_line_delta	2.5	尺寸界线伸出尺寸线的长度

续表

选项		值	说明
轴	axis_line_offset	3	中心线延伸超出轮廓边界的距离
	circle_axis_offset	3	中心线超出圆形轮廓边界的距离
其他	line_style_standard	std_iso	文字都以蓝色显示
	decimal_marker	period	设置尺寸小数点的格式为点

设置完成后，单击"应用"按钮，再单击 （保存）按钮，必须保存在"工作目录:\PTC_wrk"下，同时，文件名必须为"GB.dtl"。

11.2.3 配置文件的独立保存及调用

系统环境配置文件（config.pro）和工程图配置文件（GB.dtl）配置完成后，可将其独立保存，后续更新软件或者更换电脑，可直接调用这两个配置文件，实现Creo绘图环境的快速国标化配置。

需要注意的是，前文列出的配置选项只是常见选项，不够全面，读者可搜集更全面的配置文件并加以独立保存。当变换到不同的环境，需要快速调用自己保存的配置文件时，只需要做下述两步操作即可：

（1）右键Creo软件快捷图标，"快捷方式"栏"起始位置"更新为配置文件的路径，如两个配置文件存放在"F:\PTC_wrk"，"起始位置"路径即为："F:\PTC_wrk"。

（2）用记事本打开"config.pro"文件，修改默认的工程图配置文件路径为：drawing_setup_file F:\PTC_wrk\ GB.dtl

另外，当已经用非标准的配置文件绘制完工程图，发现不符合国标要求时，也还可利用自己保存的配置文档GB.dtl刷新图纸，使其国标化。操作流程为：打开图纸→主面板【文件】→【准备】→【绘图属性】→【详细信息选项——更改】→"选项"窗口【打开配置文件】按钮 →选择所存储的文件GB.dtl→【应用】→【关闭】，滚动一下滚轮，缩放页面，图纸即可刷新。

11.3　实例一

此实例将完成图11-1所示零件工程图的绘制。学习Creo创建零件工程图基本三视图以及简单尺寸标注的方法。

操作视频

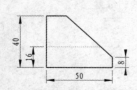
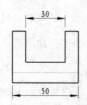
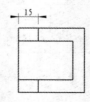
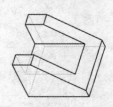

图11-1　零件图纸

步骤1　新建工程图

（1）单击【文件】⇨【新建】，或单击"新建"按钮，进入"新建"对话框。见图11-2。

（2）在弹出的"新建"窗口中选择"绘图"模块，名称命名为"11-1"，选择"使用默认模板"，单击"确定"按钮。注：前文已配置工程图环境为国标单位，此处即可选择

"使用默认模板"，如果没有配置，需去掉√，选择mmns_part_solid模板。

（3）在弹出的"新建绘图"窗口中，单击"浏览"按钮指定零件模型，"指定模板"选择"空"，"方向"选择"横向"，"标准大小"选择"A4"，然后单击"确定"按钮，进入工程图主界面。

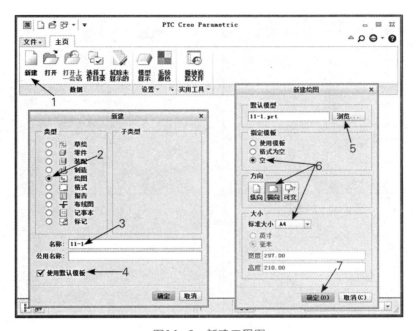

图11-2　新建工程图

步骤2　创建默认视图

（1）单击"常规视图"按钮，在弹出的窗口中选择"无组合状态"，单击"确定"按钮，回到工程图主界面，见图11-3。

（2）工程图主界面左下角状态栏出现提示 ⇨选择绘图视图的中心点 ，在图框内空白处单击一下，弹出"绘图视图"窗口，见图11-4。

（3）在"视图方向"选项中依次选择"查看来自模型的名称"→"默认方向"，单击"确定"，图框中将创建完成第一个视图，即默认视角的轴测图，见图11-5。

（4）单击主界面左上角控制面板"锁定视图移动"按钮，解锁视图移动功能，将模型轴测视图移动到图框右下角处，见图11-5。

步骤3　创建投影视图

（1）单击"常规视图"按钮，在弹出的窗口中选择"无组合状态"，单击"确定"按钮，回到工程图主界面，见图11-3。

（2）工程图主界面左下角状态栏出现提示 ⇨选择绘图视图的中心点 ，在图框内空白处单击空白处适当位置，弹出"绘图视图"窗口，见图11-4。

（3）在"视图方向"选项中依次选择"查看来自模型的名称"→"FRONT"，单击"确定"，图框中将创建完成主视图，见图11-6。并仿照步骤2中的移动视图功能，将主视图移动到左上角适当位置。

（4）单击"投影视图"按钮🔧投影视图，选

择上一步中创建的视图为"父视图"，移动鼠标到左视图位置单击鼠标放置投影视图，即可完成左视图的创建，见图11-6。

（5）同上一步操作，创建俯视图，见图11-6。

（6）切换显示样式为"隐藏线"🔲 隐藏线模式，最后创建完成的三视图见图11-6。

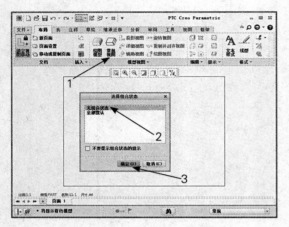

图11-3　工程图主界面

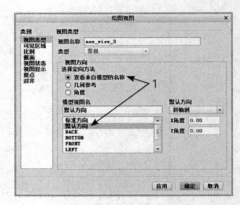

图11-4　绘图视图窗口

图11-5　默认视图

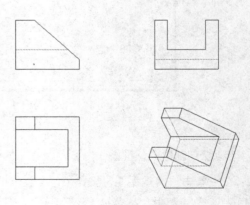

图11-6　基本视图

步骤4　标注尺寸

（1）单击主页面顶端"注释"栏，打开主面板，见图11-7。尺寸标注、几何公差、

表面粗糙度及文字注释都位于此面板。

（2）利用"显示模型注释"的方式自动标注尺寸。单击"显示模型注释"按钮📐，

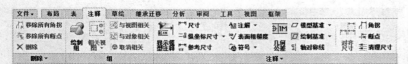

图11-7　注释主面板

弹出窗口。单击"显示模型尺寸"按钮，单击主视图，单击按钮，单击"确定"即完成如图11-8所示的自动标注尺寸。

（3）整理尺寸。单击"清理尺寸"按钮，按"ctrl"键多选主视图所有尺寸（也可一次性框选），按照图11-10设置参数，最后单击"应用"按钮，完成尺寸整理。

（4）修改尺寸箭头方向。单击尺寸"16"→右键菜单选择"反向箭头"，效果见图11-11。

（5）移动尺寸。可将一个视图中的尺寸移动到另一视图。单击尺寸"15"→右键菜单选择"移动到视图"→单击俯视图，移动后的效果见图11-11。

（6）手工标注尺寸。单击"创建尺寸"按钮，选择需要标注的线条，光标移动到合适位置按下中键即完成长度标注；按"ctrl"键选择两个标注要素（点、线），按下中键即完成距离、角度标注，见图11-11。

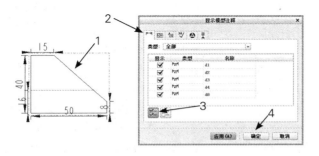

图11-8　基本视图

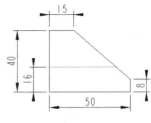

图11-9　整理尺寸完成

图11-10　整理尺寸设置面板

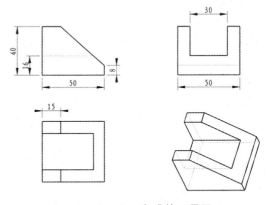

图11-11　完成的工程图

11.4　实例二

此实例将完成图11-12所示零件工程图的绘制。学习Creo创建零件工程图断面视图、局部剖视图、局部放大视图、尺寸标注以及添加公差的方法。

操作视频

步骤1　新建工程图

（1）单击【文件】⇨【新建】，或单击"新建"按钮，选择"绘图"模块，名称命名为"11-2"，选择mmns_part_solid模板。

（2）在弹出的"新建绘图"窗口中，单击"浏览"按钮指定零件模型，"指定模板"

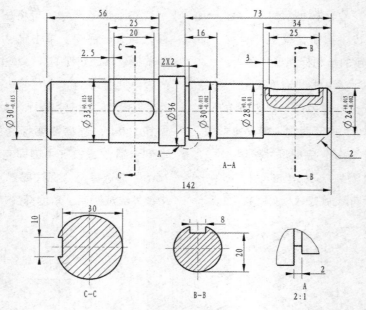

图11-12　零件图纸

选择"空"，"方向"选择"横向"，"标准大小"选择"A4"，然后单击"确定"按钮，进入工程图主界面。

步骤2　创建主视图

（1）单击"常规视图"按钮，在弹出的窗口中选择"无组合状态"，单击"确定"按钮，回到工程图主界面。

（2）工程图主界面左下角状态栏出现提示⇨选择绘图视图的中心点，在图框内单击空白处适当位置，弹出"绘图视图"对话框。

（3）在"视图方向"选项中依次选择"查看来自模型的名称"→"FRONT"，单击"确定"，图框中将创建完成主视图，见图11-13。

步骤3　创建局部剖视图

（1）双击上一步创建的主视图。在"绘图视图"对话框中选择"截面""2D横截面"。

（2）单击"将横截面添加到视图"按钮 ＋。

（3）在菜单中选择"平面""单一"，单击"完成"，见图11-14。

（4）输入截面名称：A。

（5）"模型树"中选取"FRONT"基准面。

（6）在"绘图视图"对话框中，选择"剖切区域"为"局部"。

（7）在轮廓线上拾取点，如图11-14a所示。

（8）绘制封闭轮廓曲线（按下滚轮中键结束绘制并形成封闭曲线），如图11-14b所示。

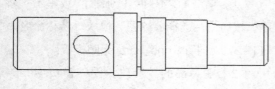

图11-13　主视图

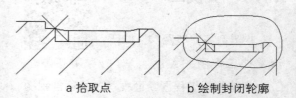

a 拾取点　　　　b 绘制封闭轮廓

图11-14　局部剖视图的点和轮廓

（9）在"绘图视图"对话框中选择"视图显示"。将"相切边显示样式"设为"无"，如图11-15所示。

（10）双击剖面线，单击菜单【间距】⇨【半倍】⇨【完成】。所创建的局部剖视图如图11-16所示。

步骤4　断面视图

（1）创建如图11-17所示的主视图及左右投影视图。

（2）双击上一步创建的左视图。在"绘图视图"对话框中选择"剖面""2D剖面"。

（3）单击"将横截面添加到视图"按钮 ＋ 。

（4）在菜单中选择"平面""单一"，单击"完成"。

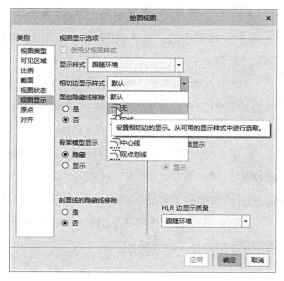

图11-15　相切边显示样式

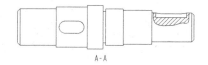

图11-16　局部剖视图

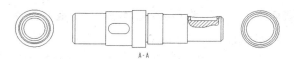

图11-17　主视图及左右投影视图

（5）输入截面名称：B。

（6）单击菜单【产生基准】⇨【偏移】。

（7）"模型树"中选取"RIGHT"基准面。

（8）单击菜单【输入值】，输入55，按

"回车"键。单击【完成】菜单。

（9）在"绘图视图"对话框中，将"模型边可见性"改为"区域"，如图11-18所示。单击"确定"按钮，左视图更新为断面图，如图11-19所示。

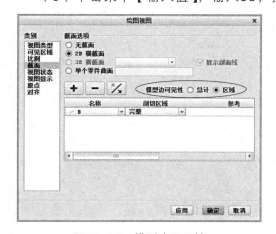

图11-18　模型边可见性

B-B

图11-19　断面图

图11-20　断面图

（10）选择上述断面视图，右键菜单中选择【添加箭头】，单击主视图，效果如图11-21所示。

（11）以相同的方法创建右视图的断面图，利用偏距RIGHT基准面-25创建的基准面进行剖切。所创建的断面视图如图11-21所示。

（12）分别双击左视图和右视图，在"绘图视图"对话框中，选择"对齐"，取消"将此视图与其他视图对齐"项。

（13）移动左视图和右视图。所创建的断面视图如图11-22a所示。

步骤5　局部放大视图

（1）主面板栏依次选择【布局】→【局部放大视图】→退刀槽边沿选一点→绘制封闭曲线（中键结束）→单击放置，完成局部放大视图，如图11-22b所示。

（2）双击视图边框，弹出的"绘图视图"中选择【比例】→【自定义比例】→输入参数，完成局部放大视图放大倍数的修改，如图11-22b所示。

步骤6　尺寸公差标注

公差标注有尺寸公差与形位公差。在标注公差之前，要确保Config.pro文件中的tol_mode、tolerance_standard及tol_display设置正确，而且必须在绘制零件模型之前设置。

（1）利用"显示模型注释"的方式自动标注尺寸。单击"注释"栏中"显示模型注释"按钮 。单击"显示模型尺寸"按钮 ，单击主视图，单击 按钮，单击"确定"。

（2）自动整理尺寸。单击"清理尺寸"按钮 清理尺寸 ，一次性框选主视图所有尺寸，"清除尺寸"对话框中设置"偏移"参数为5、"增量"参数为5，最后单击"应用"按钮，完成自动尺寸整理。

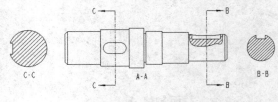

图11-21　断面视图

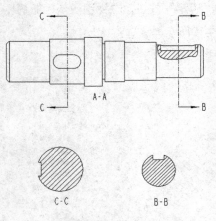

a移出断面视图

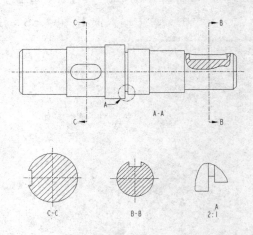

b添加详图

图11-22　完整视图

（3）手动整理尺寸。上一步中自动整理后的尺寸仍然有些不合要求，需要进一步调整：

①对于不需要的尺寸，选择后按"delete"键删除，也可右键菜单删除。

②位置不合适的尺寸，可选择后拖动位置。

③完成上面两步后，可再一次单击"清理尺寸"按钮 清理尺寸 对部分尺寸，或者全部尺寸进行自动整理。

④对于需要反向箭头的尺寸可从右键菜单选择"反向箭头"处理。

⑤剖面指引箭头长度不合适（如跟别的尺寸边界线发生干涉），也可以选择后适当拖曳调整。

调整完成后的效果见图11-23。

（4）尺寸公差标注。选定需要标注公差的尺寸，在图11-24所示的"尺寸"操控板中"公差""正负"，输入所需公差数据，见图11-24。完成的效果见图11-28。

（5）调整尺寸标注折线效果。图11-23中倒斜角标注不符合规范。选定尺寸后，单击"尺寸"操控板"显示"按钮，设置图11-25所示的选项，即可更新为符合规范显示。

（6）B-B和C-C断面视图由于尺寸较少，选用手工标注的方式，单击"创建尺寸"按钮 尺寸 完成尺寸的标注即可，见图11-28。这其中需要注意：

①标注30尺寸时，需要用到"选择边或者图元中点"的模式选择尺寸非直线边界。

②标注20尺寸时，使用"选择图元"模式，选择尺寸非直线边界时用右键查询选取圆弧端点，见图11-27。

（7）添加中心轴线。利用"显示模型注释"的方式自动添加轴线。单击"显示模型注释"按钮，单击"显示模型基准"按钮，单击主视图，单击 按钮，单击"应用"按钮即完成主视图基准轴线的添加。同样的方式完成B-B和C-C断面视图轴线的添加。

最终完成的工程图纸如图11-28所示。

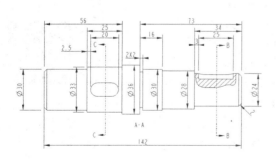

图11-23　完成调整的主视图

图11-25　折线效果修改

图11-24　尺寸公差标注

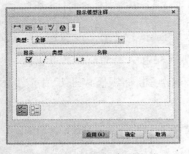

图11-26　折线效果修改

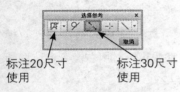

标注20尺寸　　　标注30尺寸
使用　　　　　　使用

图11-27　尺寸公差标注

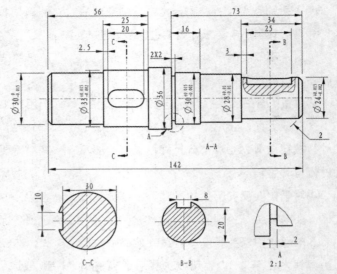

图11-28　最终完成的视图

11.5　实例三

此实例将完成图11-29所示的零件工程图的绘制。学习Creo创建零件工程图全剖视图、局部剖视图和半剖视图的处理方法，以及尺寸标注方面的一些细节处理方法。

步骤1　三维模型实体环境视图管理

（1）打开三维模型11-3.prt。

（2）关闭标准孔显示，单击"视图"→"显示"栏→"注释显示"按钮 ᵭ。

操作视频

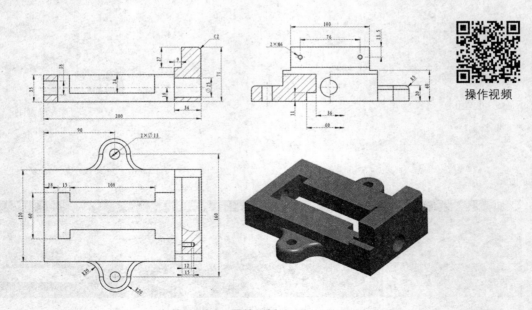

图11-29　零件图纸

（3）零件的默认方向（图11-30）不符合图纸要求，需变更并保存新视角（图11-31）。

①单击"视图"→"已保存方向"→"重定向"。

②弹出的"视图"对话框中，单击"已保存的方向"，"名称"命名为"01视角"，单击"保存"和"确定"按钮。

③"已保存方向"便有了"01视角"可以快速切换，见图11-32。

（4）创建剖切面A，如图11-33所示。

①依次单击【视图】→【管理视图】→【截面】→【新建】→【平面】。

②输入"A"，按"回车"键，选择如图11-35所示的"总体对称平面"，然后按下确认按键✔。

③"视图管理器"窗口中，对刚刚创建的"A"剖面右键，展开菜单，见图11-36。

④右键菜单选择"激活"，模型则呈现消隐一半材料的视觉效果。

⑤图11-36中对"无横截面"选项右键选择"激活"，模型则恢复完整。

⑥关闭"视图管理器"，退回到模型主界面。

⑦在模型树导航器中，右键"A"截面，菜单中也可快捷操作"激活""显示截面"，见图11-38。

⑧勾选"显示截面"☐ **显示截面** 选项后可快捷呈现如图11-33所示效果。

（5）同上述方式，可创建B、C剖切面，如图11-34所示。

图11-30 默认方向

图11-31 变更并保存的新视角

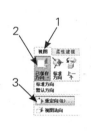

图11-32 保存新视角

图11-33 A剖面

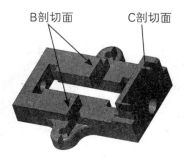

图11-34 B、C剖面

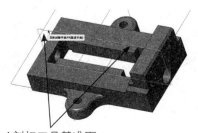

图11-35 A剖面工具基准面

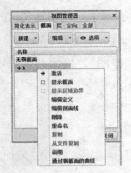

图11-36　A剖面右键菜单

图11-37　激活A剖面

图11-38　A剖面右键菜单

步骤2　新建工程图

（1）单击【文件】➪【新建】，或单击"新建"按钮□，选择"绘图"模块，名称命名为"11-3"，选择mmns_part_solid模板。

（2）在弹出的"新建绘图"窗口中，单击"浏览"按钮指定零件模型，"指定模板"选择"空"，"方向"选择"横向"，"标准大小"选择"A2"，然后单击"确定"按钮，进入工程图主界面。

步骤3　创建自定义的轴测视图

（1）单击"常规视图"按钮，在弹出的窗口中选择"无组合状态"，单击"确定"按钮，回到工程图主界面。

（2）工程图主界面左下角状态栏出现提示➪选择绘图视图的中心点，单击图框内右下角适当位置，弹出"绘图视图"窗口。

（3）在"视图方向"选项中依次选择"查看来自模型的名称"→"01视角"，单击"确定"，图框中将创建完成第一个视图，即步骤1中自定义的轴测图视角，见图11-39。

（4）双击刚创建的视图。"绘图视图"对话框中选择：【视图显示】→【显示样式】→【带边着色】，此视图便可保留独立的显示样式，不受系统环境的影响，见图11-39。

步骤4　创建三视图

（1）创建主视图。添加视图，打开"绘图视图"对话框，本模型"查看来自模型的名称"中没有可以直接选用的主视图视角的选项，因此需要自定义主视图。

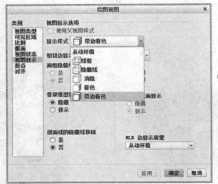

图11-39　创建自定义的轴测视图

（2）选择"几何参考"选项，通过自定义参考1和参考2，见图11-40，将模型摆放到主视图方位，见图11-41。

（3）创建左视图和俯视图。将系统显示视图环境设置为"消隐"模式，因步骤3的设置，轴测图保留独自的显示效果，见图11-41。

步骤5　创建全剖、局部剖、半剖视图

（1）创建主视图的全剖视图。双击主视图，选择【截面】→【2D横截面】→【+】→【A】→【确定】。此处的A截面即步骤1中创建的A剖切面，如图11-42。

（2）创建俯视图的局部剖视图。双击俯视图，选择【截面】→【2D横截面】→【+】→【C】

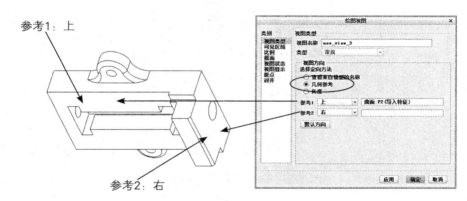

图11-40　创建自定义的主视图

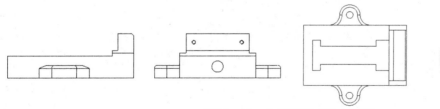

图11-41　自定义完成的主视图

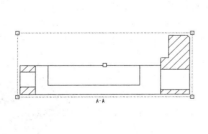

图11-42　主视图全剖

→剖切区域选【局部】→绘制一条样条封闭环曲线作为剖切范围参考→【确定】。注意：此处的C截面即步骤1中创建的C剖切面，如图11-43。

（3）创建左视图的半剖视图。双击左视图，选择【截面】→【2D横截面】→【+】→【B】→剖切区域选【半倍】→参考选【总体对称平面】→【确定】。此处的B截面即步骤1中创建的B剖切面，如图11-44。

经过上述三步，完成了全部剖视图。最终效果见图11-45。

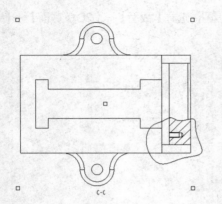

图11-43　俯视图局部剖

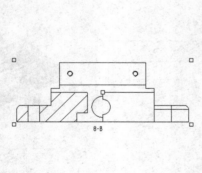
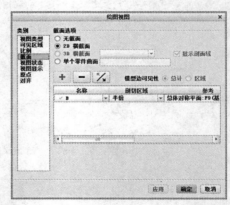

图11-44　左视图半视剖

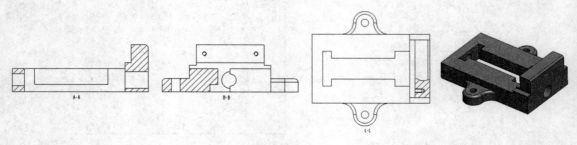

图11-45　三视图

251
第十一章
工程图

步骤6　完成注释

（1）添加轴线并做调整，具体方法参考实例二。

（2）自动或者手工添加各项尺寸，具体方法参考实例二。最终完成的图纸见图11-47。

有几项注释（图11-46）的操作须作特别说明：

①添加直径符号ϕ。给尺寸25需加直径符号ϕ，选中此尺寸，在"尺寸"操控板中单击"尺寸文本"按钮，弹出下滑面板，在【前缀】输入框中输入"ϕ"，单击【确定】。

②重复结构需加倍数注释。尺寸ϕ13需加两倍，选中此尺寸，在"尺寸"操控板中单击"尺寸文本"按钮，弹出下滑面板，在【前缀】输入框中输入"2×ϕ"，单击【确定】。

③螺纹孔修改前缀符合M。选中ϕ6尺寸，在"尺寸"操控板中单击"尺寸文本"按钮，弹出下滑面板，在【前缀】输入框中输入"2×M"，单击【确定】。

④剖尺寸标注。先标注图11-46中"1"边和"2"中心线的距离尺寸；选中此尺寸；鼠标移动到要删除的尺寸界线上，单击右键"拭除尺寸界线"；鼠标移动到右边箭头端点，单击右键选择"箭头样式"；适当拖动右边尺寸箭头；在"尺寸"操控板中单击"尺寸文本"按钮，在"尺寸文本"中，把字母"D"改为字母"O"，输入实际的尺寸值。

⑤工标注倒斜角。主控面板依次选【注释】→【注解】A≣注解→【法向引线注解】↓A法向引线注解→选择倒角边→输入参数符号：C2→中键确定→对C2参数右键→选择【切换引线类型】□切换引线类型。即完成标注。

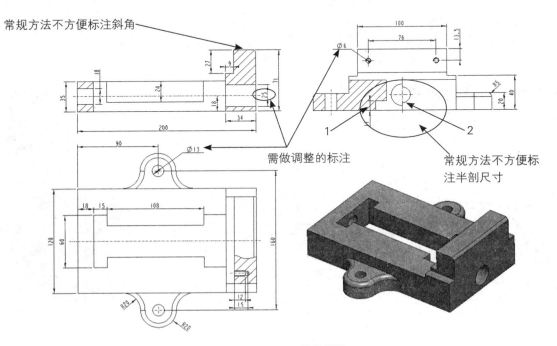

图11-46　常规标注

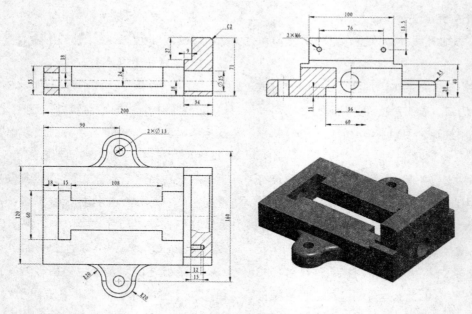

图11-47　完成的工程图

11.6　实例四

此实例将完成图11-48所示零件工程图的绘制。学习Creo创建零件工程图旋转剖视图，标注形位公差和表面粗糙度的方法。

步骤1　创建旋转剖视图

（1）打开三维模型11-4.prt，用A4图纸

新建"11-4.drw"工程图文件。

（2）创建如图11-49所示的一般视图及投影视图（先创建主视图，再创建左视图）。

（3）双击左视图，在"绘图视图"对话框中选择"截面""2D横截面"。

（4）单击"将横截面添加到视图"按钮 **+** 。

操作视频

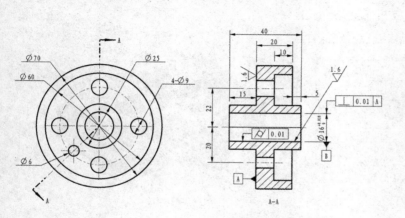

图11-48　零件图纸

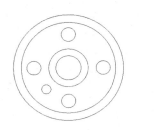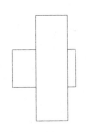

图11-49　一般视图及投影视图

（5）在菜单中选择"偏距""双侧""单一"，单击"完成"。

（6）输入截面名称：A。

（7）选取零件的如图所示面为绘图平面，如图11-50所示。

（8）"正向""缺省"。

（9）绘制草图，草图由两条直线构成，穿过ϕ6小圆孔圆心，如图11-51所示。

（10）"绘图视图"对话框中，选择"剖切区域"为"全部（对齐）"。

（11）单击"绘图视图"对话框中的"参考"区域，选取轴线作为旋转轴。

（12）单击"确定"。所创建的旋转剖视图如图11-52所示。

说明：本步骤创建剖视图的方法与实例三不同，相对而言，上例在三维环境下创建剖面操作相对简单。

步骤2　标注尺寸

（1）添加轴线并做调整（删除重复、拖动端点调节长度），具体方法参考实例二。

（2）手工添加各项尺寸（尺寸数量较少，手工更为快捷），具体方法参考实例二。完成的图纸见图11-53。

有几项操作须作特别说明：

①标注圆弧时，默认为半径，但是光标右边沿出现符号，右键菜单中选择"直径"即可。

②整个零件尺寸较小，标注尺寸及箭头显得过大，需要调节配置相关参数。绘图过程中调节参数的方法：主页面依次选择【文件】→【准备】→【绘图属性】→【详细信息选项】→【更改】→【text_height】改为3→【添加/更改】→【draw_arrow_length】改为3→【添加/更改】→【draw_arrow_width】改为1.25→【添加/更改】→【应用】→【关闭】→"绘图属性"窗口【✕】。滚动滚轮，相关参数得以刷新。见图11-53～图11-55。

步骤3　标注基准

（1）标注基准平面A。

①依次单击绘图主面板：【注释】→【基准特征符号】。

图11-50　选取绘图平面

图11-51　绘制截面

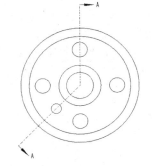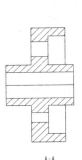

图11-52　旋转剖视图

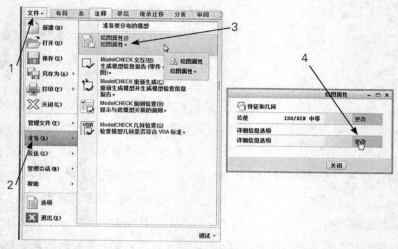

图11-53 进入工程图参数配置窗口

②按照提示选择放置基准符号的参考，见图11-56，单击中键放置基准符号，在基准特征的"标签"栏修改名称为"A"。

③删除多余的基准符号。选择基准符号后，右键菜单选择【删除】。

④选择基准符号后，可移动基准符号的位置以及调节基线的长度。

（2）标注基准轴线B。

①依次单击绘图主面板：【注释】→【基

准特征符号】。

②按照提示选择放置基准符号的参考，见图11-57，单击中键放置基准符号，在基准特征的"标签"栏修改名称为"B"。

步骤4 标注形位公差——形状公差

（1）主面板单击【注释】→【几何公差】按钮，选择如图11-59所示φ16圆柱面下边沿，单击中键放置几何公差。

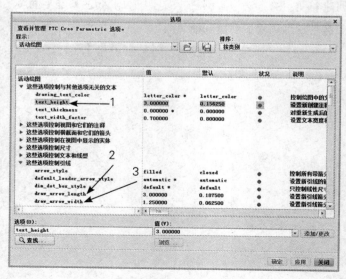

图11-54 工程图配置参数设置窗口

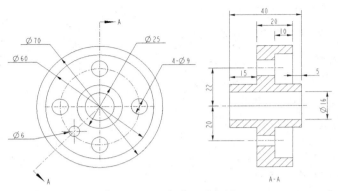

图11-55 完成尺寸标注

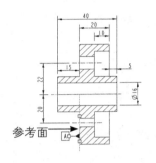

图11-56 创建基准特征
符号A

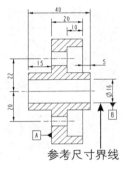

图11-57 创建基准
特征符号B

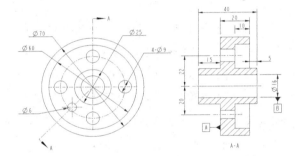

图11-58 完成基准标注

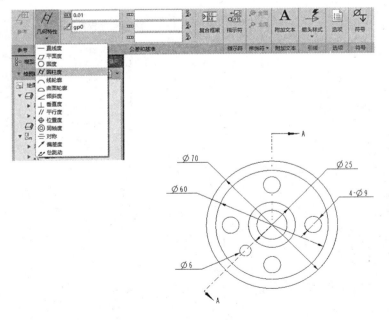

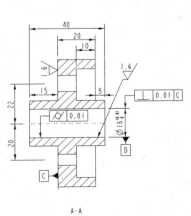

图11-59 形状公差标注

（2）选中几何公差符号，在打开的【几何公差】操控板中选择圆柱度按钮 /◯/ 。

（3）修改公差值为"0.01"。

（4）调节形状公差框位置：选择公差框后，鼠标在不同的位置，激活相应的调节功能。

（5）最后效果如图11-61所示。

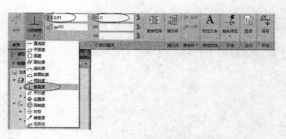

图11-60　位置公差标注

步骤5　标注形位公差——位置公差

（1）主面板单击【注释】→【几何公差】按钮，选择如图11-61所示 ϕ16尺寸界线上边沿，单击中键放置几何公差。

（2）选中几何公差符号，在打开的【几何公差】操控板中选择垂直度按钮 ⊥ 。

（3）修改公差值为"0.01"。

（4）基准参考可以直接输入，也可以单击 按钮，在绘图区选择。

（5）最后效果如图11-61所示。

步骤6　标注表面粗糙度

（1）主面板单击【注释】页面的按钮 表面粗糙度 ，打开【表面粗糙度】对话框，见图11-62。

（2）依次选择：【常规】栏→【放置】→【类型】→【垂直于图元】→选择如图11-62所示左端面。

（3）切换到【可变文本】栏→【roughness_height】→【1.6】→键盘"Enter"回车，确认

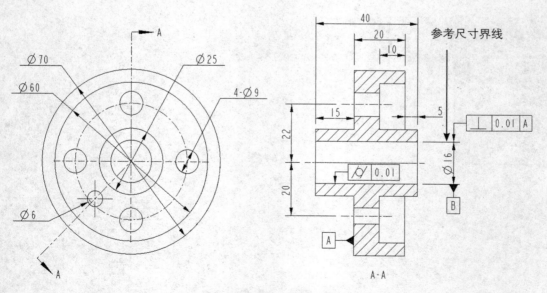

图11-61　完成形位公差标注

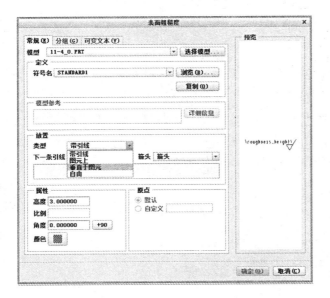

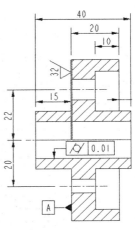

图11-62　标注表面粗糙度

参数。

（4）绘图区空白处单击一下中键，确认
标注。

（5）单击【确认】关闭对话框，标注完
成第一项表面粗糙度标注。

（6）标注φ16内孔带引线表面粗糙度。依
次选择：【常规】栏→【放置】→【类型】→
【带引线】→【箭头】→【箭头】，选择φ16圆
柱底部棱线；【可变文本】栏→【roughness_
height】→【1.6】。最后效果见图11-63。

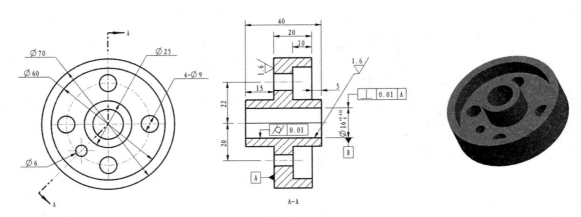

图11-63　完成的工程图

11.7 练习

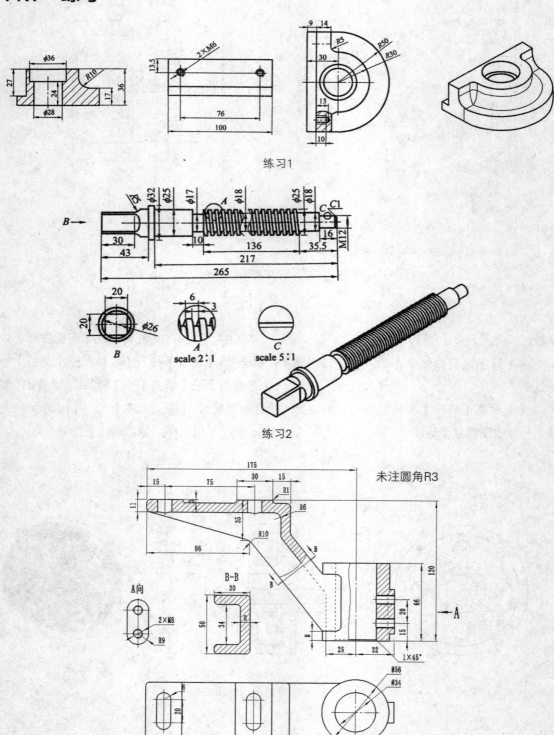

练习1

练习2

练习3